生产技术

谢娜娜　赵莉君　编著

U0230601

化学工业出版社

·北京·

内 容 简 介

本书系统介绍了泡菜加工基础知识和各种泡菜加工实例。全书共分六章，包括绪论、泡菜加工原理、泡菜加工原辅料、泡菜生产、泡菜质量标准及相关指标检测方法以及泡菜加工实例。本书从泡菜加工所需原辅料种类和质量标准、泡菜加工工艺、泡菜产品质量标准及检测方法等方面系统阐述了泡菜加工全过程，能够帮助相关人员全面、系统地了解和掌握泡菜加工生产技术、解决泡菜生产中的问题，并进行相应的泡菜质量控制。

本书可供泡菜加工行业从业人员、泡菜生产企业管理人员、泡菜质量检测人员使用，也可作为高职院校相关教学参考用书。

图书在版编目（CIP）数据

泡菜生产技术/谢娜娜，赵莉君编著 . —北京：化学
工业出版社，2022.11

ISBN 978-7-122-42164-7

Ⅰ.①泡… Ⅱ.①谢…②赵… Ⅲ.①泡菜-蔬菜加工
Ⅳ.①TS255.54

中国版本图书馆 CIP 数据核字（2022）第 170316 号

责任编辑：张　彦　　　　　　　　　　文字编辑：师明远　姚子丽
责任校对：李　爽　　　　　　　　　　装帧设计：张　辉

出版发行：化学工业出版社（北京市东城区青年湖南街 13 号　邮政编码 100011）
印　　装：三河市延风印装有限公司
710mm×1000mm　1/16　印张 14¾　字数 263 千字　2023 年 2 月北京第 1 版第 1 次印刷

购书咨询：010-64518888　　　　　　　售后服务：010-64518899
网　　址：http://www.cip.com.cn
凡购买本书，如有缺损质量问题，本社销售中心负责调换。

定　　价：69.00 元

前 言
PREFACE

泡菜生产技术

　　泡菜是中华民族饮食文化的代表，是中国人民智慧的结晶，更是人们餐桌上重要的开胃小菜，泡菜使很多菜肴具有了灵魂，为四川、重庆等地区经济发展贡献了一份力量。我国泡菜在其他各国泡菜的诞生和发展中也发挥了举足轻重的作用。

　　泡菜是微生物发酵的产物，蔬菜等是原料，食盐、白酒等是辅料，乳酸菌等微生物是驱动力，在原辅料、微生物和发酵工艺等的共同影响下，泡菜具有"清香""脆嫩""爽口"等特点，并兼具"开胃健食""通便润肠"等功能。在世界发展大融合的今天，泡菜在食品市场中独树一帜，中国、韩国、日本、德国等国家泡菜市场欣欣向荣。为了促进我国泡菜产业健康、可持续发展，大批研究者围绕泡菜发酵工艺、质量控制、风味分析、泡菜废水处理等进行了大量的研究，国家、地方以及相关行业也颁布了一系列的标准规范生产过程、控制产品质量。本书主要围绕泡菜种类、营养价值、加工原理、发酵过程中的变化、泡菜品质影响因素及控制措施等内容展开介绍，进一步将原辅料质量标准、泡菜产品质量标准、相应质量指标具体检测方法进行了归纳整理，并列举了大量泡菜加工实例，有机地将基础理论知识和实际生产相融合，能够更好地帮助相关的研究者、企业管理者、泡菜加工人员全面、系统地理解和解决泡菜加工中的问题，对泡菜质检人员的工作也有一定帮助。

　　本书由重庆工商大学谢娜娜、河南农业大学赵莉君编著，具体分工如下：第一章第一节～第四节、第二章～第五章由谢娜娜编写；第一章第五节、第六章由赵莉君编写。重庆工商大学环境与资源学院学生黄春芳、孙铭和易蕊通过实验进行了一些数据搜集，浙江工商大学吴佳佳老师提供了一些实验数据，在此表示感谢！

　　泡菜加工涉及化学、微生物、食品安全、食品营养等诸多学科，相关的研究也在不断发展，由于作者水平有限，本书难免有不妥之处，敬请专家、读者批评指正，不胜感激！

编著者

2023 年 1 月

目 录
CONTENTS

古时候，食物资源匮乏，蔬菜的季节性很强，由于缺乏"大棚种植""冷库保藏"等各种现代蔬菜栽培和保藏技术，区域间长距离运输也比较困难，采用食盐腌制蔬菜便成了常用的蔬菜保藏方法，这也是我国人民智慧的体现。历史的巨轮推动着人类方方面面的改变，蔬菜腌制的方法、用具等都发生了不同程度的改进，诞生了盐渍品、酱渍品、糖醋渍品等各种风格的产品，泡菜是腌渍蔬菜的典型代表，并因其独特的口感、风味和营养价值，在蔬菜腌制品行业中独树一帜，深受消费者喜爱。

第一节　泡菜起源

泡菜制作历史悠久，可以追溯到三千年前，古时泡菜称为"菹"（"葅"同"菹"），大量史书中都有关于泡菜的记载。《诗经》中"小雅·信南山"一篇提到："中田有庐，疆埸有瓜，是剥是菹，献之皇祖"，"庐"和"瓜"指的是春秋时期百姓食用的瓜果蔬菜，而"剥"和"菹"指的就是腌制。"菹"被认为是泡菜的雏形。公元前1058年西周周公姬的《周礼·天官》记载："下羹不致五味，铡羹加盐菜"，"羹"指的是用肉或咸菜做成的汤。汉代许慎《说文解字》更加明确地指出"菹菜者，酸菜也"。北魏时期著名的农业科学家贾思勰在《齐民要术》中详细描述了泡菜制作的方法："收菜时，即摘取嫩高，菅蒲束之……作盐水，令极咸，于盐水中洗菜，即内瓮中。……若先用淡水洗之，菹烂。……洗菜盐水，澄取清者，泻者瓮中，令没菜把即止，不复调和"，由此可见，北魏时期泡菜制作的方法已接近于现代泡菜的做法。

现今，各国结合各自民族饮食习惯，做出了不同风味的泡菜，而中国四川泡菜、韩国泡菜、法国酸黄瓜、德国甜酸甘蓝等在国际上颇具盛名。

第二节　泡菜概念及分类

在古代，因栽培技术限制，蔬菜一般在温暖的季节种植，而寒冷的冬季，能够种植的蔬菜种类明显减少，因此为了提高蔬菜保藏期，古人发明了"腌渍"这一蔬菜保藏方法。早期，蔬菜主要采用食盐腌渍，现今食盐、食醋、酱、糖、酒糟、酱油等都是常选用的蔬菜腌渍介质，在这些物质作用下，蔬菜发生脱水，有害微生物活动受到抑制，蔬菜食用期得以延长；这些腌渍介质进入蔬菜组织内部后，改变了蔬菜原有的味道，产生了风味多样的新产品，受到人们的欢迎。尽管蔬菜加工技术和保藏手段不断提高，但是腌制蔬菜因加工技术简单、成本低廉、保藏期久、风味独特等优势，在人们的餐桌上一直占有一席之地。

以新鲜蔬菜为主要原料，经腌渍或酱渍加工而成的各种蔬菜制品，如酱渍菜、盐渍菜、酱油渍菜、糖渍菜、醋渍菜、糖醋渍菜、虾油渍菜、发酵酸菜和糟渍菜等，统称为"酱腌菜"，因原辅料和加工手段不同，驱动腌渍蔬菜成熟的动力不同，因此按照蔬菜发酵与否，可以分为非发酵型腌制品和发酵型腌制品。

非发酵型蔬菜腌制品主要通过食盐、食醋、糖、酱等发挥作用，高浓度的腌渍介质是这类腌制品形成的关键。在腌渍介质作用下，蔬菜脱水，水分活度明显降低，组织渗透压增大，微生物的生命活动受到抑制，甚至脱水死亡，从而防止蔬菜腐败变质，提高了蔬菜的保藏期，因此在蔬菜腌制过程中微生物的发酵作用不显著。根据作用基质不同，非发酵型蔬菜腌制品可以分为腌渍品、酱渍品、糖醋渍品和酒糟渍品等，咸菜、酱黄瓜、糖醋蒜、糟白菜等都是其典型的代表。

发酵型腌制蔬菜是在非发酵型腌制蔬菜基础上发展而成的低盐发酵蔬菜制品，非发酵型腌制蔬菜也是其早期形态。发酵型腌制蔬菜主要指的是"泡菜"。泡菜制作时，食盐添加量较低（1%～10%，一般为2%～5%），通过盐水泡制而成，在泡制过程中，蔬菜需处于隔绝空气的状态（淹没在食盐水下）。较低的食盐浓度不能完全抑制腐败微生物生长，也不会限制蔬菜自带的乳酸菌的繁殖，食盐、香辛料、白酒、缺氧等综合因素使得腐败微生物的繁殖受到短暂的抑制，但是不会明显影响乳酸菌的生长和发酵作用，乳酸菌在几天内快速增殖，并产生大量乳酸，使泡菜水的 pH 值迅速降低，这才是腐败微生物的生命活动得到抑制的根本原因，起到防止泡菜腐败的作用。乳酸、辅料和原料成分相互作用，形成了泡菜"酸爽""脆嫩""可口"等特点，本书介绍的便是通过乳酸菌发酵作用形成的泡菜。

SB/T 10756—2012《泡菜》对泡菜进行了定义：泡菜是以新鲜蔬菜等为主要原料，添加或不添加辅料，经食用盐或食用盐水腌渍等工艺加工而成的蔬菜制品。根据不同分类标准，泡菜可分为以下若干类：

① 按照加工工艺，泡菜分为泡渍类、调味类和其他类。泡渍类泡菜属于传统泡菜，以新鲜蔬菜或盐渍菜为原料，添加或不添加辅料，经食用盐或低浓度食盐水泡渍发酵，然后配以泡渍液或调配液等加工制成的泡菜；调味类泡菜又称方便泡菜，是现代工艺制作而成的泡菜，以新鲜蔬菜或咸胚为原料，添加或不添加辅料，经食用盐或食用盐水泡渍发酵，整形，调味，灌装等加工制成的泡菜；其他类泡菜是食用菌、豆科类、山野菜、海藻类等新鲜蔬菜植物经食用盐或盐水泡渍发酵后，再经整形、调味等工艺制作而成。有些泡菜以猪耳、鸡爪等畜禽肉或水产品为原料制作而成，这些泡菜称为畜禽肉泡菜。

② 按照原料，泡菜分为叶菜类、根菜类、茎菜类、果菜类、食用菌类和其他类泡菜。叶菜类泡菜常见的有泡白菜、泡甘蓝等；根菜类泡菜有泡白萝卜、泡胡萝卜、泡大头菜等；茎菜类泡菜有泡莴笋、泡大蒜等；果菜类泡菜有泡黄瓜、泡椒等；食用菌类泡菜有泡木耳等；其他类泡菜主要指的是"荤"泡菜，如泡凤爪、泡猪耳等。

③ 按泡菜产品食盐含量，可分为超低盐泡菜（2%～3%）、低盐泡菜（3%～5%）、中盐泡菜（5%～10%）和高盐泡菜（10%～13%）。

④ 按照风味，分为清香味泡菜、甜酸味泡菜、咸酸味泡菜、红油辣味泡菜和白油味泡菜。清香味泡菜风味清香、口味清淡，蔬菜本味较为突出；甜酸味泡菜，顾名思义，酸中带甜；咸酸味泡菜既有酸味又有咸味；红油辣味泡菜着重突出辣椒红色，兼具辣味和食用油的味道；白油味泡菜类似红油辣味泡菜，突显油味，但不带辣椒红色。

⑤ 按照地域，可分为中式泡菜、日式泡菜、韩式泡菜和西式泡菜等。

中式泡菜种类繁多，各地制作的泡菜均有自己的特色，典型的代表是四川泡菜，四川泡菜突出"泡"的作用，以低浓度食盐水泡制，其间经过乳酸菌发酵，可以泡制的蔬菜种类繁多，制作的泡菜口感脆嫩、味美清新，能够促进食欲，是川渝地区人们日常不可或缺的"小菜"，也是川菜加工中重要的佐料。

日式泡菜以蔬菜、菌类等为原料，加入食盐、酱油、酒粕、食醋等材料腌渍而成。日式泡菜是在传统中式泡菜基础上，结合当地饮食习惯加以改进而成。

韩式泡菜虽然也是传统中式泡菜的演变，但是味道和制作方法上与中式泡菜有明显差异。中式泡菜重在"泡"，蔬菜需浸泡在泡菜水中，而韩式泡菜重在

"腌制"，即拌料后再通过厌氧发酵而成。韩式泡菜主要以白菜、萝卜等蔬菜为主，添加大量的大蒜、生姜、大葱、鱼子酱等经低温乳酸发酵而成，酸辣可口，在国际上享有盛名。

西式泡菜也属于乳酸菌发酵蔬菜制品，较有名的有酸黄瓜、泡甘蓝等。

⑥ 根据泡菜腌制用盐水，泡菜还可以分为新盐水泡菜、老盐水泡菜、新老盐水混合泡菜等。新盐水泡菜顾名思义是采用新配制的食盐水泡制蔬菜；向腌制过泡菜的泡菜水直接加蔬菜制得的泡菜称为老盐水泡菜，采用老盐水制作的泡菜比采用新盐水成熟得快，亚硝酸盐含量（亚硝峰）也较低；新老盐水混合泡菜是指向老盐水中添加一定量的新盐水再用于腌制蔬菜。在川渝地区，还有一种快速制作泡菜的方法，将蔬菜洗净、切分后，加入泡菜水中，经数小时或一至两天腌渍即可食用，这样制作的泡菜速度快，如"洗澡"一般，所以叫作"洗澡泡菜"，也叫"跳水泡菜"。"洗澡泡菜"泡制时间短，因此味道更加脆爽新鲜，是当地人喜爱的开胃小菜。

第三节　泡菜成分及价值

黄瓜、萝卜、芹菜、包菜、辣椒等蔬菜是泡菜制作的主要原料，花椒、白酒、生姜、蒜等是辅料，乳酸菌为主的微生物是泡菜制作的催化剂，在各种角色的作用下，形成了新鲜、爽口、味美、营养的泡菜，四川泡菜也是酸菜鱼、酸萝卜老鸭汤等著名川菜制作的主要调味品，有"川菜之魂"的美誉。

一、泡菜的成分

泡菜中的成分主要包括蔬菜等原辅料、乳酸菌及发酵过程中产生的代谢产物。

（一）原辅料成分

动植物泡菜原料含有各种维生素（维生素C、维生素B_1、维生素B_2、叶酸、维生素E、维生素A等）、矿物质（铁、钙、磷等）、纤维素、氨基酸、蛋白质、碳水化合物等，它们不但是泡菜营养成分，有些成分对泡菜感官品质如质地、风味物质的形成等也起到关键作用。很多蔬菜还含有大量的活性成分，例如：胡萝卜、紫甘蓝等蔬菜中还含有大量的胡萝卜素、花色苷等物质，生姜富含姜酚、姜醇、姜酮，大蒜含有大蒜素，辣椒含有辣椒素、辣椒碱。这些来自蔬菜的营养成分，赋予泡菜良好的营养价值。需要注意的是，这些成分的含量在泡菜腌制过程中可能会发生变化，如含量的降低或升高，例如，在一些泡菜发酵过程中，葡萄糖含量不断降低，果糖含量出现先增加后降低的现象。

不同的泡菜因原料和制作方式不同，营养成分存在明显的差异，例如哈密瓜幼果制作的泡菜中含有 17 种氨基酸，其中 7 种为必需氨基酸；而白萝卜泡菜中仅检测出 13 种氨基酸。

（二）乳酸菌及其代谢产物

泡菜是乳酸菌作用的产物，在泡菜腌制过程中，多种乳酸菌交替繁殖，高峰期时，乳酸菌的浓度可达到 10^8 个/mL 以上。乳酸菌在生长过程中，产生了大量的乳酸，使泡菜水 pH 值由 6 左右降至 3 左右，是泡菜最主要的风味成分之一。此外，乳酸菌还能合成蛋白酶、B 族维生素、乙酰胆碱、乳链球菌素等物质，这些代谢产物也是泡菜营养成分的重要来源。

二、泡菜的价值

（一）保藏食物，节约能源

果蔬采摘和动物宰杀以后，自身内部的生命活动并没有停止，大量的内源酶在不停地催化各种反应导致原料成分分解，营养价值和感官品质降低；同时，环境中的微生物也会带来更大的安全问题，在多方面因素的影响下，果蔬和鲜肉的贮藏期大大缩短。蔬菜经过发酵制成泡菜以后，自身酶促反应和微生物的生长受到抑制，这些食物原料可以被长久地保存。在寒冷的季节，人们也能吃到许多蔬菜。

现代科技的发展创造出了更多保藏食物的方法，低温条件下，原料内源酶的活性受到抑制，自身生命活动大大受到抑制，微生物的生长和繁殖也得到明显的控制；辐照保藏借助高能射线，杀死微生物、钝化酶活；干燥保藏通过降低食物水分活度，抑制内源酶和微生物的生长。以上都是现代普遍的食物保藏方式。但是这些保藏方式会消耗掉大量的能源，也需要昂贵的加工设备，从这一点来看，采用腌制的方法保藏蔬菜，可以节省大量的能源，在没有冷藏设备或处于特殊时期时，把原料制作成泡菜，也是果蔬保藏的有效方法。

（二）具有良好的营养价值和保健作用

发酵过程可以看成是微生物对食物原料的预消化，这个过程会产生新的物质，也可能改变一些成分的存在状态，使其从难以利用的状态转化为可被人体吸收的状态，还可以降解一些有毒有害的物质，从整体上提高原料的营养价值和可利用率。

1. 提供营养成分

泡菜的营养成分主要来自动植物原料和乳酸菌的代谢活动。不同的原料含有的成分不同，除了碳水化合物、蛋白质、矿物质、维生素这些基本的人体必需营养素外，还含有丰富的纤维素和类胡萝卜素、辣椒素等功能性成分，对于提高机体免疫力、防止便秘等能起到一定的食疗效果。泡菜中含有钙、铁、磷等多种矿物质，能够均衡人体的膳食营养，是很好的营养休闲食品。泡菜具有独特的风味，含有丰富的有机酸和蛋白酶，能够促进胃蛋白酶和胰岛素的分泌，促进肠道蠕动，有助于消化，还具有降低胆固醇的作用。

泡菜是乳酸菌、酵母菌等发酵的产物，这些微生物进行繁殖、代谢的过程中，也使原有蔬菜的营养价值得到强化，乳酸菌可以产生多种 B 族维生素，例如维生素 B_1、维生素 B_2、维生素 B_6、维生素 B_{12}、烟酸等，还能够降低植酸含量，促进机体对铁、钙等元素的吸收和利用。蔬菜经微生物发酵以后，其中的氨基酸种类和含量也明显增加。

2. 提供乳酸活菌，改善肠道环境

乳酸菌是食品发酵工业中非常重要的一种细菌，在它们的作用下，诞生了各种产品形式。牛奶经乳酸菌发酵后变成酸奶，乳酸菌将乳糖转变成乳酸，解决了乳糖不耐受症患者喝纯奶后胀气、腹泻的问题；乳酸菌发酵蔬菜汁也成为当下时兴的饮品。

众所周知，乳酸菌是动物肠道关键的益生菌成员，肠道微生物菌群的平衡与人体健康息息相关，当人体出现腹泻或便秘时，可以采用服用含有双歧杆菌等益生菌的药品进行治疗，目前市场上还存在大量的以乳酸菌为主的益生菌保健品，效果良好，但是价格较高。泡菜一般不需要经过杀菌处理，直接食用，大量的乳酸菌作为营养成分被摄入体内，可以起到调节肠道菌群平衡的作用，这对于维持机体健康至关重要。早在 1952 年，就有研究显示，采用添加嗜酸乳杆菌的奶粉喂食婴儿，婴儿体重较对照组明显增加。长期服用乳酸菌，人体免疫力也能够得到明显改善。

乳酸是乳酸菌的主要代谢产物之一，可以降低肠道 pH 值，抑制很多肠道中腐败细菌的繁殖，从而使肠道内毒素以及尿素酶的含量降低，改善人体的肠道环境。此外，还有研究表明，泡菜具有清肠、抗肿瘤、抗动脉硬化、抗癌、抗衰老、调节血压等多种作用，泡菜已成为很多人日常生活不可缺少的食品。

3. 具有抗氧化、减肥等功效

泡菜中含有丰富的抗氧化成分，如维生素 C、类胡萝卜素、多酚类化合物等，这些是有效的抗氧化剂。乳酸菌也具有良好的抗氧化能力，它还可以产生超氧化物歧化酶（SOD），能通过清除超氧阴离子起到抗氧化的作用。

植物性泡菜中含有大量的膳食纤维，膳食纤维是七大营养素之一，具有以下功能：①加快肠道蠕动，减少有毒物质在结肠中的停留时间，防止结肠癌；②水溶性膳食纤维可以吸附胆汁酸，使胆汁酸及时排出，降低胆固醇含量；③改善末梢组织对胰岛素的感受性，降低对胰岛素的要求，调节血糖；④抑制对脂肪的吸收，降低血脂；⑤使人产生饱腹感，起到预防肥胖的作用。泡菜是膳食纤维良好的来源，因此对于维持人体健康具有积极作用。

（三）带来良好的感官刺激

在中国、韩国、日本等国家，泡菜已经成为生活中不可缺少的调味品，在我国的川渝地区，几乎家家都会腌制泡菜。泡菜风味丰富，随腌制工艺的变化，泡菜风味有所改变，通常具有酸、甜、咸、辣等味道，质地脆嫩、爽口，泡菜带来的感官上的刺激是新鲜蔬菜无法做到的。我国有八大菜系，川菜以味多、味广、味厚、味浓等特色成为我国菜系的典型代表之一，川菜加工时需要的佐料较多，泡菜也是其中非常重要的一种，可以起到"画龙点睛"的作用，像"酸菜鱼""泡椒鸡杂""酸萝卜老鸭汤"等著名菜肴的加工中，都离不开泡菜。

第四节　我国泡菜产业发展概况

我国东北、安徽、河南、广西、山东、湖北等地居民均有腌制蔬菜的习惯，但是以川渝地区泡菜较为出名，形成了李记酱菜、味聚特、广乐、吉香居和惠通等著名泡菜品牌。

目前，我国酱腌菜行业年产量达到 450 万吨，包括泡菜、榨菜、酱菜以及新型蔬菜制品，其中泡菜产量占比最高，达到 45%，远高于榨菜（22%）、酱菜（11%）和其他蔬菜制品（22%）。

虽然我国泡菜产业发展势头迅猛，产量和产值都在与日俱增，但与韩国、日本泡菜生产企业相比，还存在尚需改进的地方，体现在：①企业规模普遍较小。目前，除极少数具备工业化生产能力的企业外，我国泡菜生产企业大多以分散、小规模的作坊式生产为主，清洁化程度不高，并且自动化程度低，人工操作较多，泡菜加工过程粗放。②生产技术落后。很多企业以自然发酵为主，发酵周期相对较长，生产过程难以控制，产品质量不稳定，标准化程度不高。③高端产品较少。我国泡菜产品单一，深加工产品少，低端市场竞争激烈，而高端产品市场占有份额太少。④创新能力不足。大多数企业规模小，产品研发能力有限，同时缺少专业能力较强的研发人员，因此，大多泡菜生产企业产品形式单一，缺乏市场竞争力。因此，我国泡菜出口量较低，在国际市场占有额有限，这是我国泡菜生产企业需要突破的地方，也是改进的方向。

我国地域宽广，不同民族和地方的人们饮食习惯存在着一定的差异，泡菜作为佐餐开味菜的主要品种，是家庭餐桌上的常见食品，也是一些菜肴烹调中重要的辅料。泡菜品种众多，满足了不同消费者的需求，长期以来深受各地消费者的喜爱。对于泡菜的需求量逐年增加，泡菜产业发展迅猛，行业未来发展潜力巨大。

第五节　世界各国泡菜特色

自古至今，泡菜以其独特的风味和丰富的营养，受到世界各地人民的喜爱，其消费量与市场潜力巨大。泡菜不仅是一种食物，也是一门学问，一种文化，一个纽带。本节对全球主要泡菜生产国的泡菜特色作一简单介绍。

一、中国泡菜

中国泡菜大体分南北两系，北方以东三省的朝鲜族辣白菜为代表，南方以四川泡菜为代表，流行于云贵川渝等地。目前，国内传统的泡菜发酵方法主要是依靠泡菜自身所带微生物在密封情况下进行自然发酵，发酵周期相对较长。以最为典型的四川泡菜为例，四川泡菜工艺传承千年，特色突出，依据不同的蔬菜材料以及环境温度，泡菜发酵的时间从数日到数周甚至数月不等。

中国泡菜中存在丰富的乳杆菌种质资源，其种类以植物乳杆菌为主，分布上存在地区差异。相对而言，四川、云南和重庆地区的泡菜含有丰富的乳杆菌种质资源。除了菌种不同，中国泡菜的差异化还体现在以下几个方面。

根据菌种来源，分为直投式发酵剂发酵泡菜和自然发酵泡菜。直投式发酵剂发酵泡菜是利用专门培养乳酸菌进行乳酸发酵的泡菜，其菌种来源可以是纯种乳酸菌，也可以从自然发酵泡菜泡渍液分离得到，这种发酵方式下乳酸菌的发酵过程处于可控状态。自然发酵泡菜无须人为培菌，菌种来自原辅料。事实上，在蔬菜长时间的盐渍过程中，拌制泡菜中也存在随机进入的耐盐性野生乳酸菌的繁殖与作用，但该类野生乳酸菌及其发酵作用均处于非控原始状态。

生产形式上，有工业化规模生产泡菜和作坊式生产泡菜。工业化规模生产工艺以标准化为基础，除一般的制作工艺外，特别强调后续的保鲜贮藏工艺。通常要求在大流通环境下产品货架期质量稳定，在常温条件下，泡菜保质期需达3个月以上。作坊式生产或家庭自制泡菜的产量低，其加工工艺通常以随意的非标准化方式制作。餐饮业等作坊式自制自供，家庭则为自作自食。因成品无须进入大流通市场，所以，基本上无保鲜储存的工艺措施，产品保存期也相对较短。值得一提的是，基于各种原因，目前，中国国内很多泡菜著作或其他文献报道的泡菜生产资料多是介绍家庭或作坊式泡菜的制作方法，相对而言，少有工业化生产泡菜的资料可供参考。

长期以来，我国农业农村部高度重视全国的蔬菜及泡菜产业发展，在基础设施建设、技术服务指导、质量安全检测等方面给予了大力支持。我国泡菜新产品、新技术的研究开发与应用，也为泡菜产业的发展奠定了坚实的基础。目前，已开发出低盐泡菜、早餐泡菜、清酱泡菜、泡山野菜、洗澡泡菜、什锦泡菜、休闲泡菜、营养泡菜、佐餐泡菜等系列新产品。

二、韩国泡菜

韩国泡菜在韩国人的日常生活中不仅是一道佐餐菜肴，而且已经升华为独特的饮食文化，成了韩国的代名词、韩国的形象大使。韩国泡菜口味鲜美，营养丰富，具有多种益生功效，曾被提名为全球最健康的食物之一。韩国泡菜所取的原料主要为各种新鲜的蔬菜，富含丰富的维生素和钙、磷、铁等营养物质。韩国泡菜的常用配料鱼虾酱，作为动物性食品，富含丰富的蛋白质及矿物质。蛋白质在发酵过程中部分被分解生成氨基酸，提高了泡菜的营养价值和食用价值。另外，泡菜富含植物性食品容易缺乏的赖氨酸。韩国泡菜制作过程中所使用的很多辅助材料，本身就是药用植物，含有不同的功效成分，而且在乳酸发酵过程中会产生很多活性物质，起到多种保健作用。

韩国泡菜种类繁多，因朝鲜半岛四季分明，每个季节栽种和产出的蔬菜有很大差异，春夏秋冬每个季节都有不同的泡菜吃。春天主要有垂盆草泡菜、新白菜泡菜、春小葱泡菜、菠菜泡菜、春芥菜泡菜、小白菜泡菜、水芹菜泡菜等；夏天主要有小萝卜泡菜、韭菜泡菜、黄瓜泡菜、卷心菜泡菜、茄子泡菜、匏瓜泡菜、黄瓜渍等；秋天主要有苦菜泡菜、"小伙子"泡菜、大葱泡菜、辣椒叶泡菜、秋芥菜泡菜、豆叶泡菜、苏子叶泡菜、白菜泡菜、冬瓜泡菜、青辣椒泡菜等；冬天主要有什锦泡菜、整棵白菜泡菜、捆包泡菜、萝卜块泡菜、整棵萝卜泡菜、白泡菜、冬渍菜、南瓜渍等。

韩国泡菜在制作上讲究腌渍，它的特别在于各类腌制调料十分丰富，配比合理，共同配合乳酸发酵，从而形成韩国泡菜特有的风味和口感，这种口味是多味复合的。由于有些制作只需用泡菜缸不必密闭，因而其乳酸发酵过程是兼性厌氧型的。在韩国，不同地域人们所吃的泡菜亦各不相同。北部地区因气温低，泡菜中放入的盐量少，其他调料也相对清淡，不添加过多的调料馅，泡菜清香、不辣；而南方地区气温较高，为防变质，泡菜做得又咸又辣，并多添加鱼虾酱汁或肉汤等调料馅来提味；中部地区的泡菜咸淡适中，含有适量的汤汁。

三、日本泡菜

日本厚生省这样定义泡菜："作为副食品即食，以蔬菜、果实、菌类、海藻等为主要原料，使用盐、酱油、豆酱、酒粕、麴（曲）、醋、糠等及其他材料渍制而成的产品。"日本泡菜制作一般用调味液进行"渍"，突出"渍"。

近几十年，日本泡菜受到西方文化影响，从口味到制作皆逐渐与中国和韩国有所差异，多选用天然色素、酱油和白酒泡渍，以低盐、低酸、本色的较低程度发酵或不发酵的蔬菜制品为主，各具特色且味道丰富。

日本泡菜行业由于在传统工艺方法中引入了现代科学技术使得泡菜的生产水平大幅度提高，在现代食品工业中占有重要的地位。在泡菜从传统方法生产向工业化生产转变的过程中开发出了适用于泡菜现代化生产的大规模流水线生产设备，在生产过程中从洗菜切菜、翻菜（翻池）脱水，到拌菜、装袋封口等工序部分全部由机器来完成，不仅提高了生产效率，而且稳定了产品质量。此外，2015年12月，在日本以冰点温度熟成技术为卖点的产品陆续上市。所谓的冰点温度是零度到食品开始冰冻之间的温度带，类似于冬天晾晒萝卜干一样，在这个温度下放置一段时间经过熟成之后，食品的鲜味和甜味都有所增加。冰点温度熟成的关键是温度管理，即维持使食品即将冰冻而还未冰冻的临界温度。在这个临界温度下，细胞为了在即将冰冻的危险中保护自身，细胞内不断蓄积防冻物质，这些物质就是能带来鲜味和甜味的氨基酸、糖类等。目前，已应用该技术的产品就包括一些日本泡菜。

四、德国泡菜

德国泡菜最典型的代表为德国酸菜（甘蓝），它被人们称为世界三大泡菜之一。德国酸菜（甘蓝）是一种典型的古老的乳酸菌食品，它的制作方法十分简单：首先，将甘蓝用刨丝器刨丝（或是用刀切成非常细的丝），接着将甘蓝丝锤压至柔软出水。然后，将甘蓝加盐和压榨出的汁液一起放入容器中发酵。酸菜丝要完全浸没在汤汁里，中间不能留有空气，以免发酵失败。甘蓝的表面附着很多的乳酸菌，所以可以自行发酵，在发酵的前3天里首先产生大量的酵母菌和醋酸菌，第4天需要人工添加乳酸菌，以加速发酵过程，到第7天发酵池中的酸性物质含量达到2%，这时需要再次人工添加乳酸菌，然后就可以封闭发酵池，如此静置于阴凉的地方 4～6 周，中途加一些必要的乳酸菌，就可腌制出美味可口的德国酸菜。

德国酸菜最大限度地保留了制作材料甘蓝的营养成分，在某些营养素的含量上甚至超过了甘蓝。德国酸菜在德国的吃法很多，可以炖、凉拌或是煮汤，还可以搭配各种菜肴，能开胃、帮助消化，尤其是与分量不算少的德国肉类套餐搭配时，更能降低菜肴的油腻感，让每一口都能保持鲜嫩的美味，所以常用于搭配肉类产品如香肠或德国猪肘，也常被用来制作鲁宾三明治。

五、法国泡菜

法国酸黄瓜举世闻名，亦被人们称为世界三大泡菜之一。法国酸黄瓜的做法跟中国差不多，吃起来酸酸甜甜、清脆爽口，一般都是当作餐前的小菜来吃的，在生活当中很常见。餐前吃能够解油腻、助消化、开胃。还可以切成薄片，夹在汉堡里，增添风味刺激食欲。也因为酸甜的味道符合大多数人口味，所以在全球范围内都有很多忠实粉丝。

法国酸黄瓜的原材料黄瓜本身就是营养价值较高的蔬菜，是人人爱吃的佳蔬。黄瓜一旦经过腌制含有单宁酸，常吃酸黄瓜，可以使患有低血压的人升压防病。法国酸黄瓜的营养成分丰富，每 100g 法国酸黄瓜中营养含量大致为：水 95.23g、蛋白质 0.65g、脂肪 0.11g、碳水化合物 3.63g、纤维 0.5g、钙 16mg、镁 13mg、磷 24mg、钾 147mg、钠 2mg、维生素 C 2.8mg、维生素 B 10.03mg 并含有微量的铁、锌、核黄素、烟酸、叶酸、维生素 A、维生素 E 和维生素 K 等成分。

六、其他国家泡菜

除了以上泡菜，其他国家和地区也有一些泡菜和类似泡菜的发酵蔬菜。西方泡菜主要原料为黄瓜、甘蓝、食用橄榄等。以黄瓜为例，在欧洲，各个国家腌制酸黄瓜的方法基本相同，只是辅料有所区别。莳萝泡菜，是美式酸黄瓜，其原料莳萝，原为生长于印度的植物，外表看起来像茴香，味道辛香甘甜，多用作食油调味，有促进消化之效用，所以莳萝就是这种美式酸黄瓜口味区别于其他国家的地方。它沿用了一个传统方法——用大量的大蒜、莳萝和盐一起腌渍。不论发酵时间多长，这些酸黄瓜的表皮都是绿油油的，口感也脆脆的。匈牙利的酸黄瓜重白醋，口感非常酸，用来搭配匈牙利特有的大块油腻肉制品，非常适合。

不同地区，不同文化，制作泡菜所常用的蔬菜亦有所不同。俄罗斯流行蘑菇和茄子，罗马尼亚流行甜椒，东亚流行萝卜。不同国家亦有各自不同传统风味的泡菜。以中东的腌萝卜为例，它有着非常特殊的风味，咸的、苦的、甜的、辣的应有尽有，而且大多数第一次见到它的人，都很喜欢它鲜艳诱人的颜色。又如，伊朗传统美食杧果泡菜（Iranian Mango Pickle）是一种味道奇妙的食物。用杧果来制作成泡菜的方法各式各样，会根据不同地区、不同香料的使用而异，原料或是直接用整个的小杧果，或是用切好的杧果块儿。小杧果通常在几个月大的时候就被摘下来使用，再加上盐、植物油、混合辣味的香料进行腌渍。

第二章

泡菜加工原理

　　与高盐腌制蔬菜不同，泡菜是在微生物的发酵作用下形成的，参与泡菜制作的微生物主要是多种乳酸菌，此外，还有少量的酵母菌和醋酸菌等细菌。乳酸菌在生长繁殖过程中产生大量的乳酸，乳酸一方面可以提高发酵液酸度，使腐败微生物的生长受到抑制，提高蔬菜保藏期限，另一方面还可以赋予蔬菜爽口的酸味，形成泡菜独特的滋味。泡菜制作过程中的酵母菌和醋酸菌虽然数量少，但是对于泡菜丰富、柔和的风味形成是至关重要的。在泡菜制作过程中，蔬菜除了发生味道上的变化，质地、色泽等可能也会存在一些差异，但是伴随发酵过程，一些有害健康的成分含量也在不断变化，其中最主要的有害成分便是关乎泡菜安全问题的亚硝酸盐。这一章围绕乳酸发酵机理、泡菜制作中的微生物和泡菜在颜色、质地、味道等方面的变化进行阐述。

第一节　乳酸发酵机理

　　泡菜发酵采用的食盐浓度较低，在泡制过程中 pH 值会出现明显降低的现象，一般可以降低至 3.0～4.0，基于此，形成了泡菜独特的风味，泡菜中有害微生物的生长也受到抑制。这一现象得益于乳酸菌的乳酸发酵。

　　乳酸是一元羧酸，结构简式是 $CH_3CH(OH)COOH$（结构式见图 2-1）。乳酸是一种无色透明的黏稠液体，具有较强的吸湿性，味微酸。乳酸存在于很多发酵产品中，如泡菜、酸奶、青贮饲料等，这些产品中乳酸是一种或多种乳酸菌发酵可发酵糖（如葡萄糖）产生的。

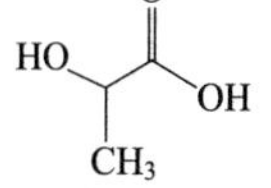

图 2-1　乳酸结构式

乳酸包括 L-型乳酸、D-型乳酸和 DL-型乳酸三种类型，在人体内只含有 L-乳酸脱氢酶，所以仅能吸收利用 L-型乳酸，如果摄入过多的 D-型和 DL-型乳酸，这些乳酸因无法被代谢而在体内积累，从而造成人体代谢紊乱，因此，后两种乳酸的摄入量不宜过多，世界卫生组织（WHO）规定：3 个月以下婴儿食品中不宜加入这两种乳酸。乳酸是以乳酸菌为主的一类细菌的代谢产物，形成的途径主要有两种，分别是同型乳酸发酵和异型乳酸发酵。

一、同型乳酸发酵

同型乳酸发酵是指乳酸菌以葡萄糖为原料，经糖酵解途径（embden-meyer-hof of pathway，EMP）合成乳酸，并释放能量的过程（图 2-2）。

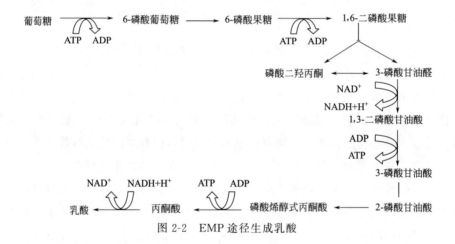

图 2-2 EMP 途径生成乳酸

理论上，1mol 葡萄糖可以产生 2mol 乳酸和 2mol ATP，过程是：

$$C_6H_{12}O_6 + 2ADP + 2Pi \longrightarrow 2CH_3CH(OH)COOH + 2ATP$$

在同型乳酸发酵中，葡萄糖通过 EMP 途径生成丙酮酸，随后丙酮酸通过乳酸脱氢酶催化还原为乳酸，在此过程中，没有气体产生。

二、异型乳酸发酵

在肠膜明串珠菌（*Leuconostoc mesenteroides*）、短乳杆菌（*Lactobacillus brevis*）等乳酸菌中，葡萄糖不经 EMP 途径合成乳酸，代谢的产物也不同于同型乳酸发酵，这种乳酸发酵的方式叫作异型乳酸发酵。异型乳酸发酵中，葡萄糖首先通过戊糖磷酸途径（hexose monophophate pathway，HMP）生成乙酰磷酸和 3-磷酸甘油醛，乙酰磷酸进一步还原为乙醇，3-磷酸甘油醛形成乳酸，此途径的终产物包括乳酸、二氧化碳、乙醇等代谢产物，产酸量低于同型乳酸发酵。根据代谢产物的不同，异型乳酸发酵途径又可以分为经典途径和双歧途径。

（一）经典途径

经典途径中葡萄糖经 HMP 途径合成乳酸（图 2-3），反应过程是：

$$C_6H_{12}O_6 + ADP + Pi \longrightarrow CH_3CH(OH)COOH + CH_3CH_2OH + CO_2 + ATP$$

在此途径中，1mol 葡萄糖合成 1mol 乳酸、1mol 乙醇、1mol CO_2 和 1mol ATP。

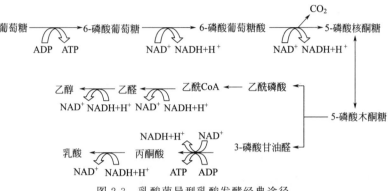

图 2-3　乳酸菌异型乳酸发酵经典途径

（二）双歧途径

通过双歧途径（图 2-4）合成乳酸的方式主要存在于双歧杆菌（*Bifidobac-*

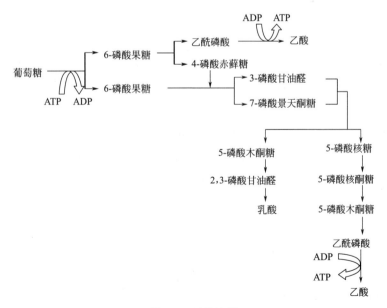

图 2-4　双歧途径

terium）中，由于双歧杆菌体内缺少醛缩酶，无法进行 EMP 途径合成乳酸，只能通过异型乳酸发酵途径进行乳酸发酵，但是与经典途径不同，双歧杆菌没有葡萄糖-6-磷酸脱氢酶，而是通过磷酸己糖解酮酶发酵葡萄糖形成乳酸，发酵产物与经典途径也不同，其反应过程是：

$$2C_6H_{12}O_6 \longrightarrow 2CH_3CH(OH)COOH + 3CH_3COOH$$

虽然经典途径和双歧途径产物和过程有差异，但两者都是通过 HMP 途径完成乳酸发酵，经典途径又被称为 PK 途径，双歧途径又被称为 HK 途径。

第二节　泡菜中的微生物

泡菜与其他腌制蔬菜不同，微生物的作用对其风味形成和保藏至关重要。泡菜作为我国典型的发酵食品，很多研究者围绕其发酵机理、影响因素等开展了大量的研究，也结合传统分离鉴定方法和聚合酶链式反应——变性梯度凝胶电泳（PCR-DGGE）、高通量测序技术、宏基因组学、转录组学等分子生物学手段解析了泡菜中的微生物多样性，发现主导泡菜发酵的微生物主要包括乳酸菌、酵母菌和醋酸菌等。泡菜发酵过程中虽然有多种微生物参与，但其中最主要的微生物是乳酸菌，而酵母菌和醋酸菌与泡菜风味的形成息息相关。泡菜制作过程、储藏环境不当，也可能导致一些腐败微生物生长，进而使泡菜品质下降。下面主要介绍泡菜腌制过程中可能出现的微生物及其带来的利与弊。

一、乳酸菌

乳酸菌（lactic acid bacteria，LAB）是一类能够利用可发酵碳水化合物（如葡萄糖）生成乳酸的革兰氏阳性（G^+）无芽孢细菌的统称，属于兼性厌氧菌或厌氧菌。除少数以周毛运动外，大多数乳酸菌不运动。根据形态，可以分为球菌和杆菌，球菌通常成对或成链排列，杆菌单个或成链存在，有的成丝状，可能产生假分枝。根据生长温度可分为高温型乳酸菌和中温型乳酸菌，高温型乳酸菌最适生长温度是 37℃，中温型乳酸菌最适生长温度是 25～30℃。不同乳酸菌最适生长 pH 值有所不同，例如乳球菌生长最适 pH 值一般在 6.0～6.3，乳杆菌在 pH 值 5.5～6.0 时生长速率更快。

乳酸菌在自然界中分布广泛，除常见于乳酸发酵制品（酸奶、泡菜等）中外，也常见于畜禽和人的粪便中，是动物肠道、口腔主要的微生物，构成人肠道中主要的有益微生物菌群，对于维持人体健康至关重要。目前市场上销售的大部分用于改善人体肠道微生物菌群的保健品或医药制品，其主要成分便是乳酸菌。

根据来源，乳酸菌又可以分为植物来源乳酸菌和动物来源乳酸菌，一些益生菌保健品含有的便是动物来源的乳酸菌。

乳酸菌这一概念并非分类学上的名称，而是一类具有共同特征细菌的总称。在细菌分类学上，至少有 23 个属的细菌可以产生乳酸，例如乳酸杆菌属（*Lactobacillus*）、链球菌属（*Streptococcus*）、双歧杆菌属（*Bifidobacterium*）、肠球菌属（*Enterococcus*）、乳球菌属（*Lactococcus*）、明串珠球菌属（*Leuconostoc*）、片球菌属（*Pediococcus*）、奇异菌属（*Atopobium*）、芽孢乳杆菌属（*Sporolactobacilus*）、气球菌属（*Aerococcus*）、肉食杆菌属（*Carnobacterium*）、糖球菌属（*Saccharococcus*）等，它们统称为乳酸菌。但是食品生产常用的乳酸菌主要来自乳酸杆菌属、链球菌属、明串珠球菌属、片球菌属、双歧杆菌属和肠球菌属等，每个属下又包括很多种，甚至亚种，保加利亚乳杆菌、干酪乳杆菌、发酵乳杆菌、植物乳杆菌、嗜热链球菌等常用于乳制品和蔬菜制品的发酵。不同乳酸菌形态存在差异，乳酸产生途径和类型也可能不同，植物乳杆菌、片球菌属、德氏乳杆菌、乳酸链球菌等通过同型乳酸发酵途径产生乳酸，而短乳杆菌、明串珠菌属等通过异型乳酸发酵途径产生乳酸。

目前，从我国泡菜发酵过程中发现的乳酸菌主要有乳杆菌属、明串珠菌属、肠球菌属和片球菌属、乳球菌属、链球菌属等，其中植物乳杆菌（*L. plantarum*）、短乳杆菌（*L. brevis*）和肠膜明串珠菌（*L. mesenteroides*）等是主要的乳酸菌，下面简单了解几种乳酸菌。

（一）植物乳杆菌

植物乳杆菌是乳杆菌属的一类，最适生长温度是 30～35℃，最适生长 pH 值为 6.5 左右，单生、对生或呈链状，进行同型乳酸发酵，在繁殖过程中能产生乳酸杆菌素（lactobacillin）。乳酸杆菌素是一种生物型防腐剂，能够刺激机体分泌抗体，选择性杀死致病菌。植物乳杆菌还可以合成共轭亚油酸，共轭亚油酸的摄入能降低患癌风险。植物乳杆菌广泛分布于自然界中，在唾液、人体肠道以及泡菜、自然发酵乳中均有发现。在食品工业，植物乳杆菌主要被用于酸奶、果蔬及其汁液的发酵。

植物乳杆菌是肠道益生菌的一种，具有良好的耐酸、耐渗透压和细胞黏附能力，对于机体肠道菌群平衡和机体免疫力的提高均有一定的作用。植物乳杆菌菌体及其代谢产物还能够通过清除活性氧、DPPH 等物质起到明显的抗氧化作用；对降低胆固醇、抑制沙门氏菌的生长也能起到一定的效果；植物乳杆菌分泌的酸性物质还可以降解重金属。

(二) 短乳杆菌

短乳杆菌呈杆状,是一种兼性厌氧菌,能发酵葡萄糖、乳糖等可发酵糖产生乳酸,发酵类型为异型乳酸发酵;短乳杆菌最适生长 pH 值为 6.0 左右,也能耐受 pH 3.0 的酸性环境,最适生长温度是 29～30℃,食盐适宜浓度为2%～3%。

短乳杆菌也能分泌乳酸杆菌素,还具有较强的亚硝酸盐降解能力,能够合成 γ-氨基丁酸以及乳蛋白活性肽等功能性物质。

(三) 肠膜明串珠菌

肠膜明串珠菌一般呈卵圆形或球形,对生或链状分布,无运动,是一种兼性厌氧菌,最适生长温度为 20～30℃。

所有植物上都附着有乳酸菌,肠膜明串珠菌便是其中最常见的一种。肠膜明串珠菌主要通过异型乳酸发酵代谢葡萄糖产生乳酸,被广泛用于酸奶等发酵食品的生产,也是泡菜早期发酵过程中的优势菌,在发酵乳酸的过程中,还能生成多种气味化合物,例如乙醇、二乙酰、丁二醇等,有利于产品风味的改善。此外,肠膜明串珠菌能够分泌抑菌成分——细菌素以及具有肿瘤抑制效果的功能性胞外多糖。

二、酵母菌

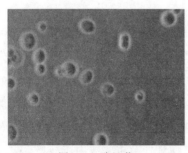

图 2-5　酵母菌

酵母菌(yeast)属于单细胞真核生物(图 2-5),能够利用葡萄糖产生乙醇等代谢产物。酵母菌在有无氧气的状态下均可以存活,通常,在有氧的状态下,酵母菌进行生长繁殖,在无氧状态下,酵母菌进行厌氧发酵,产生酒精。酵母菌的应用已有两千多年的历史,在当代食品发酵生产中,有着广泛的用途,例如发酵面制品的制作,各种酒类和食醋等的酿造都离不开酵母菌的作用。我国生产用酵母菌一般具有耐高温、高渗、高糖、高酒精度等特点,且在这些极端条件下仍具有较高的发酵能力。

泡菜发酵过程中的酵母菌数量较少,主要起到增加风味的作用。酵母菌利用蔬菜中的可发酵糖,产生乙醇、少量甘油及其他醇类物质,这些物质还能与乳酸、醋酸等发生酯化反应生成泡菜中的芳香成分。泡菜中常见的酵母菌包括酵母属(*Saccharomyces*)、汉逊酵母属(*Hansenula*)、球拟酵母属(*Torulopsis*)、红酵母属（*Rhodotorula*）、毕赤酵母属（*Pichia*）、假丝酵母属（*Candida*）等，韩国泡菜中也存在多种酵母菌。

（一）酿酒酵母

酿酒酵母（*S. cerevisiae*）又称为面包酵母（图 2-6），一般呈球形、卵圆形等，直径约 $5\sim10\mu m$，繁殖方式为多边出芽生殖。酿酒酵母的研究开始于 1838年，Meyen 首次提出了 *Saccharomyces* 这一属名，并采用双名法将酿酒酵母命名为 *Saccharomyces cerevisiae*，Reess 于 1870 年首次描述这一种属为具有酒精发酵能力的真菌。

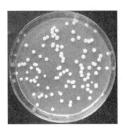 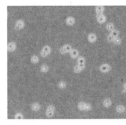 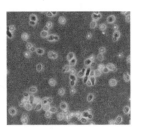

(a) 菌落形态　　　　(b) 细胞形态(10×40)　　　　(c) 假菌丝(10×40)

图 2-6　酿酒酵母

目前，已经发现超过 1500 种酵母菌，但仅有少部分酵母菌可用于工业生产。酿酒酵母有着优良的发酵特性，被广泛用于酿酒、烘焙产品的制作等行业。葡萄酒、白酒、啤酒、米酒等酒精产品的发酵过程中，酿酒酵母将葡萄糖转化为酒精，在此过程中伴随 CO_2 的产生，因此，酒类酿造过程中均有"冒泡"的现象发生。酿酒酵母代谢葡萄糖产生酒精的过程大体如下：厌氧条件下，葡萄糖通过糖酵解途径分解成丙酮酸，丙酮酸再由脱羧酶催化生成乙醛和 CO_2，乙醛进一步被还原成酒精。

此外，酵母菌体含丰富的蛋白质、维生素、矿物质、多糖和许多生物活性物质，是良好的营养来源。酿酒酵母活菌能够改善动物肠道微生物菌群平衡，因此还被用于畜牧养殖行业，利用酵母菌发酵作用制作动物饲料，能够提高饲料的营养价值，改善动物健康。

（二）汉逊酵母

汉逊酵母营养细胞呈圆形、椭圆形、腊肠形、卵形，有的有假菌丝，有的有真菌丝；能在 37℃ 甚至更高的温度下，将葡萄糖、木糖、纤维二糖转化成乙醇，还可以同化硝酸盐。值得注意的是，汉逊酵母属能产生乙酸乙酯，从而增加产品香味，是白酒产香的主要菌种之一。

（三）毕赤酵母

毕赤酵母细胞呈卵圆形、椭圆形或圆柱形，繁殖方式为出芽生殖，多数种能够形成假菌丝（图2-7）；在固体培养基上，菌落呈白色或奶油色，无光泽，有褶皱；能产生类似汉逊酵母的香气，但不能同化硝酸盐，这是其与汉逊酵母最大的差别。毕赤酵母能在较低的 pH 值下进行发酵，发酵底物多样，例如能够利用纤维素、木糖、蔗糖进行酒精生产。在一些饮料酒的生产中，毕赤酵母可能在酒醪表面形成干燥的菌膜，造成产品污染。

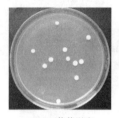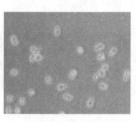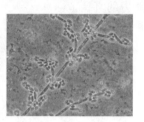

(a) 菌落形态　　　　(b) 细胞形态(10×40)　　　　(c) 假菌丝(10×40)

图 2-7　毕赤酵母

酵母菌虽然在泡菜制作过程中扮演着积极的角色，但是，其发酵作用过于强烈也会导致泡菜品质劣变，主要是因为过度的酒精发酵会使泡菜中乙醇含量增加，酒味过浓，影响泡菜正常的风味。酵母中的膜醭毕赤酵母会在泡菜水表面形成一层白膜，严重时产生馊臭味或导致泡菜腐烂变质，即所谓的"生花"现象。因此，在泡菜发酵过程中酵母的数量应加以控制。

三、醋酸菌

醋酸菌（acetic acid bacteria）又称醋酸杆菌，属于醋酸单细胞菌属，是一种专性好氧菌，多呈长杆或短杆状，在营养不充分的情况下，有的呈丝状、弯曲状、棒状或椭球状；单生、对生或成链；是革兰氏阴性菌；菌体有运动和不运动两种形式，运动的醋酸菌菌体有鞭毛。有的醋酸菌能合成纤维素，当这种类型的醋酸菌在液体培养基中静止培养时，在培养基表面会形成一层纤维素薄膜。

醋酸菌是一类能够将乙醇氧化成醋酸的细菌，早期根据鞭毛类型不同，醋酸菌可以分为两类，一类是周生鞭毛细菌，可以将醋酸进一步氧化成二氧化碳和水；另一类是极生鞭毛细菌，它们无法进一步氧化醋酸。《伯杰细菌鉴定手册》（第九版）将醋酸菌划分为两大种属，一个属是醋酸杆菌属，包括醋化醋杆菌（*Acetobeacer aceti*）、汉逊氏醋杆菌（*A. hansenii*）、液化醋杆菌（*A. liquefaciens*）和巴氏醋杆菌（*A. pasteurianuma*）、重氮营养醋杆菌（*A. diazotrophicus*）、甲醇醋杆菌（*A. methanolicus*）和胶醋酸菌（*A. xylinum*）七个种；另一个属是葡萄糖杆菌属，包括氧化葡萄糖杆菌（*Gluconobacter oxydans*）、弗氏葡萄糖杆菌（*G. frateurii*）和浅井氏葡萄糖杆菌（*G. asai*）三个种。

醋酸杆菌属最适生长温度在 30℃ 以上，比较高的温度（39～40℃）下可以发育，主要作用是氧化酒精为醋酸，也可以氧化葡萄糖生成少量的葡萄糖酸，并能继续氧化醋酸为 CO_2 和水；葡萄糖杆菌属最适生长温度在 30℃ 以下，能在比较低的温度（7～9℃）下发育，主要作用是氧化葡萄糖为葡萄糖酸，也能氧化酒精生成少量醋酸，但不能氧化醋酸为 CO_2 和水。

醋酸菌也是食品工业用菌的一种，是食醋酿造不可缺少的一种微生物，食醋生产常见的醋酸菌有纹膜醋酸菌（*A. aceti*）、许氏醋杆菌（*A. schutzenbachii*）、奥尔兰醋酸杆菌（*A. orleanense*）、胶膜醋酸杆菌（*A. xytinum*）、恶臭醋杆菌（*A. rancens*）、混浊变种（中科 AS 1.41）、巴氏醋酸菌（*A. pasteurianus*）、巴氏亚种（沪酿 1.01）等，可采用纯种发酵或混种发酵。沪酿 1.01 和中科 AS 1.41 是我国食醋酿造中常用的醋酸菌菌种。

醋酸发酵是一个好氧过程，食醋酿造过程中，翻醅的操作就是散热以及促进氧气与醋醅充分接触的过程。醋酸菌代谢乙醇成醋酸，反应过程大致是：

$$CH_3CH_2OH+[O] \longrightarrow CH_3CHO+H_2O \qquad (2\text{-}1)$$

$$CH_3CHO+H_2O \longrightarrow CH_3CH(OH)_2 \qquad (2\text{-}2)$$

$$CH_3CH(OH)_2+[O] \longrightarrow CH_3COOH \qquad (2\text{-}3)$$

总反应式：$CH_3CH_2OH+O_2 \Longrightarrow CH_3COOH+H_2O+627.88J$

与酵母菌类似，醋酸菌在泡菜发酵过程中也主要起到增加风味的作用。泡菜中常见的醋酸菌一般包括：纹膜醋酸杆菌、奥尔兰醋酸杆菌、许氏醋杆菌、As 1.41 醋酸杆菌（*A. rancens* var. *turbidans* AS.1.41）和沪酿 1.01 醋酸杆菌（*A. pasteurianus Huniang* 1.01）等。在泡菜生产中，醋酸菌含量较低，氧气充足的情况下，能迅速繁殖，将发酵液中的乙醇氧化成醋酸及少量的其他有机酸，醋酸能够与乙醇发生酯化反应形成乙酸乙酯，泡菜中的乳酸、醋酸、乙醇、乙酸乙酯及其他微量的风味成分共同构成泡菜独特的风味。但是，醋酸属于一种刺激性较强的酸，若含量过高，会给泡菜带来副味，无法食用。因此泡菜中醋酸含量不宜高过 0.5%，为了控制醋酸菌过度的生长，在制作泡菜时应及时封坛，保证厌氧环境。

四、霉菌

霉菌又称丝状真菌，通常具有发达的气生菌丝和基内菌丝，霉菌菌丝形如杂乱无章的树枝，可在前端不断生长和分叉，有的霉菌菌丝有隔膜，有的霉菌菌丝无隔膜。霉菌通过有性繁殖孢子和无性繁殖孢子进行繁殖，生命力强。霉菌能导致食品发霉变质，通常出现颜色和味道的改变，有的霉菌如黄曲霉还能产生黄曲霉毒素等真菌毒素。食品中常见的霉菌有青霉属（*Penicillium*）、曲霉属（*Aspergillus*）、根霉属（*Rhizopus*）、毛霉属（*Mucor*）等。

霉菌能产生丰富的淀粉酶和蛋白酶，因此在食品发酵行业也有着广泛的用途，在白酒、食醋、酱油酿造过程中，制曲是非常重要的一步，制曲的过程实质上是原料中霉菌生长的过程，在霉菌生长过程中，分泌产生大量的淀粉酶、蛋白酶等各种酶类，这些酶在发酵和陈酿过程中，将原料中的淀粉、蛋白质分解，产生有甜味的可发酵糖和鲜味氨基酸、多肽等，小分子的可发酵糖是酵母菌的食物，在其作用下，糖被转化成酒精，酒精进一步被醋酸菌转化成醋酸。霉菌不仅仅为酵母菌、醋酸菌、乳酸菌等微生物的生长繁殖和发酵提高原料，还能产生甜味物质和鲜味物质，丰富酿造食品的味道，因此，霉菌对于很多发酵食品的制作过程来说是至关重要的。

但是，对于泡菜，霉菌的作用有限，甚至是有害的，过多的霉菌存在可能导致泡菜口味劣变。实际上，霉菌引起泡菜风味劣变的可能性也比较小，这主要由于泡菜制作的环境不利于霉菌的生长。在泡菜制作时，水分活度较高，而且处于厌氧的环境中，这样的发酵环境，使霉菌的生长繁殖受到明显抑制。同时，霉菌生长速度较乳酸菌等细菌慢很多，一般需要 3～5d 才能生长起来，而细菌在 24h 内可快速繁殖，泡菜中乳酸菌快速繁殖，产生大量的乳酸，使发酵液 pH 值快速下降，在这种环境中，霉菌的生长也会受到抑制，因此，综合的影响因素下，泡菜中的霉菌主要在发酵初期 24h 内快速生长，可以达到 10^2 CFU/mL，但是大约在 60h 后消亡。虽然霉菌在泡菜发酵过程中会受到抑制，但发酵结束泡菜离开发酵液后，若没有及时食用，在未经处理的情况下保存，泡菜表面也会出现霉菌的生长。

不同产地的泡菜，由于制作方法和环境微生物不同等因素的影响，泡菜发酵过程中微生物的种类也存在一定的差异，但总体上看，都以乳酸菌发酵为主，酵母菌和醋酸菌等发酵为辅制作而成。

第三节　泡菜发酵过程中的变化

发酵过程中，在食盐、乳酸菌及各种香辛料等的作用下，蔬菜的味道、色泽、质地和风味等不同方面均会发生明显的改变，随着酸度的下降，泡菜趋于成熟，达到最佳食用品质。但是，这个过程除了带来这些有益的变化外，也会产生一些有害的物质，泡菜生产中，最主要的安全问题便是亚硝酸盐的产生，亚硝酸盐存在致癌风险，因此，也成为泡菜研究的重点。除此之外，泡菜发酵的驱动力——乳酸菌在发酵过程中种类和数量也在不断发生变化。泡菜品质的影响因素有很多，配方、生产工艺、原料、发酵条件甚至是生产环境都会造成泡菜品质差异，这里主要以我国典型的泡菜产品——四川泡菜为例，介绍泡菜发酵中的这些变化。

一、总酸和 pH 值

泡菜发酵液中总酸和 pH 值的变化情况直接影响泡菜品质，也是用于评价泡菜发酵过程的重要指标，同时还间接反映了泡菜发酵微生物的生长状况。乳酸菌、醋酸菌发酵原料中的糖转化成乳酸、乙酸等多种有机酸，导致泡菜水酸度提高，pH 值不断下降，从而使其中的腐败菌和致病菌生长受到抑制。这些酸能够促进泡菜的成熟，改善泡菜的口感，利于泡菜中风味物质的形成。

泡菜中的有机酸有乳酸、乙酸、酒石酸、柠檬酸、苹果酸和琥珀酸等，有研究称泡菜中的总酸含量在 6～8g/kg 的范围内时，泡菜口感最佳。泡菜中酸度的变化受温度影响显著，一定温度范围内，发酵环境温度越高，越有利于泡菜快速产酸，泡菜成熟越快。不同发酵温度下川式泡菜和韩式泡菜中总酸含量的变化有差别，川式泡菜中总酸含量逐渐升高后趋于平稳，而韩式泡菜则呈先升高后降低的趋势，并且高温（25℃）比低温（10℃）发酵条件下总酸含量更高，总体上讲，韩式泡菜总酸含量（1%以上）比川式泡菜（约 0.6%）高。

泡菜水中酸含量除了受温度影响外，还与泡菜水的状态有关。陈功等（2020）研究了循环使用的老泡菜水中酒石酸、琥珀酸、乙酸和乳酸含量的变化情况，发现乳酸和乙酸是其中的主要酸（80%），新的泡菜水中乳酸比例会不断提高，而后随着乙酸产量的提高，乳酸占比有所降低，泡菜水经过多次循环使用后，乳酸占比有所回升，然后趋于稳定（64%～65%）；乙酸也呈现先升高后降低的趋势，最后稳定在 16%～17%；多次循环使用的泡菜水中乳酸、乙酸、琥珀酸和酒石酸的比例约为 65：16：3：6。云琳等（2020）比较了自然发酵、老盐水发酵以及接种发酵三种发酵方式下萝卜泡菜总酸和 pH 值变化情况，自然发酵泡菜和接种了植物乳杆菌及肠膜明串珠菌的泡菜初始 pH 值约为 5.0，而后不断降低，最后趋于稳定（3.3），并且自然发酵的泡菜 pH 值降低速率慢于后者；老盐水泡菜中含有大量的乳酸，初始 pH 值较低（约 3.7），而后腌制泡菜过程中，pH 值变化不明显；自然发酵泡菜和接种发酵泡菜初始总酸含量（几乎为 0）

明显低于老盐水（约 4g/L）发酵，三者在发酵过程中均呈增加趋势，发酵结束，老盐水总酸含量显著高于前两者，这可能与老盐水残留的高浓度的酸有关。

　　比较新、老盐水发酵泡菜过程中 pH 值变化趋势，如图 2-8 所示，可见老盐水 pH 值保持在 3 左右，其中的乳酸菌浓度也比较稳定，保持在较高的水平（与新盐水初始状态相比），这时添加新鲜的蔬菜后，pH 值会出现少许升高的现象，而后降低至 3 左右，并保持恒定。采用老盐水发酵蔬菜，蔬菜也更容易成熟。

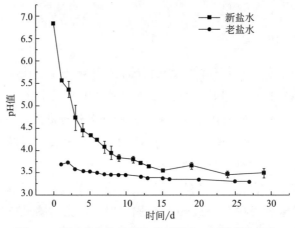

图 2-8　新、老盐水发酵泡菜过程中 pH 值变化趋势

　　泡菜发酵液 pH 值变化是其中微生物的生命活动所致，微生物的生长又会受到 pH 值的影响。伴随不同酸的产生，泡菜水 pH 值也在不断下降，因此泡菜发酵过程中微生物的种类也在发生变化。泡菜的形成经历微酸（初期，pH＞5.2）、酸化（中期，pH 4.5～5.2）和过酸（后期，pH＜4.5）三个阶段。发酵初期，体系中乳酸菌含量较少，乳酸没有大量产生，pH 值较高，蔬菜自带的乳酸菌和其他有害微生物等均会快速增殖；乳酸菌在生长繁殖过程中产生乳酸，使发酵液 pH 值不断下降，这时其中的有害微生物和耐酸能力较差的乳酸菌的生长受到抑制，而能够耐受较低 pH 值环境的乳酸菌继续增殖，产酸，发酵体系 pH 值进一步降低；在泡菜完全成熟时，体系 pH 值大约降低至 3，此时大部分种类的乳酸菌生长也受到抑制，只有少数种类的乳酸菌可以存活，此时体系 pH 值维持恒定，在不外加蔬菜的情况下，其中的乳酸菌种类也相对恒定。

二、颜色

　　泡菜生产多以蔬菜为原料，像胡萝卜、胭脂萝卜、紫甘蓝等蔬菜中含有大量的色素类物质，泡菜又在酸性条件下形成，因此，这些蔬菜中的色素物质在发酵过程中可能出现降解，特别是富含叶绿素的蔬菜会出现明显发黄的现象，这是由于叶绿素在酸性条件下脱镁而发生降解反应。多种蔬菜混合腌制也是常采用的加工方法，这些蔬菜颜色可能相互影响，例如白萝卜和胭脂萝卜一起发酵，白萝卜可能会被染成粉色。因此，泡菜在腌制前需要考虑原料的色素特点，分开腌制，或采用相应的方法进行护色。

三、质地

质地是衡量泡菜重要的感官品质指标之一，蔬菜在腌制过程中其硬度、弹性、咀嚼性均随着发酵时间延长而逐渐降低。泡菜质地受到蔬菜种类、新鲜程度、腌制方法等多种因素的影响。能够制作泡菜的蔬菜种类很多，不同蔬菜质地有很大差异，在腌制过程中受到的影响也不同，因此，同样的腌制条件，不同蔬菜制成的泡菜质地差异也比较大，例如胡萝卜和白萝卜腌制后质地都比较清脆，而黄瓜腌制后更容易变软。泡菜多以新鲜的蔬菜为原料，这样的蔬菜原果胶含量较高，质地坚实，腌制的泡菜也会更加脆嫩可口。泡菜质地还会受到腌制方法的影响，同时，腌制时间越长泡菜也越容易软烂，"洗澡泡菜"因腌制时间较短，所以口感更加清脆。在腌制前，可以采用一定的方法保脆，能有效提高泡菜品质。值得注意的是，倘若腌制时间过长，几乎所有的蔬菜都会出现质地变软的现象。

四、风味

食品风味包括滋味和气味两方面，呈滋味的物质表现出来的味道包括酸、甜、苦、辣、咸、鲜、涩七种味道，其中酸、甜、苦、咸被称为四种基本味，依靠舌表面感受器（即味蕾）而呈味；鲜味呈味机制比较复杂，但也是依靠味蕾感受，因此，也常被认为是第五味；辣味和涩味不是依靠呈味物质与味蕾的相互作用被感知，辣味是辣椒素等刺激舌表皮细胞产生的灼烧感，涩味是单宁等物质使口腔中蛋白质变性，产生的收敛的感觉，因此，这两种味道都属于物理触觉。

（一）泡菜中呈滋味的物质

泡菜风味也是泡菜重要的感官品质指标之一，包括非挥发性和挥发性两类风味成分，呈滋味的物质一般不具有挥发性。

泡菜的滋味来自原辅料、微生物的发酵作用，主要有白砂糖的甜味、食盐的咸味、辣椒和香辛料的辣味、原辅料和微生物产生的各种氨基酸的鲜味、发酵过程产生的各种酸的酸味等。一定量食盐的添加是泡菜制作的必需条件，食盐一方面起到抑制杂菌生长的作用，另一方面能够为泡菜提供咸味。为了不影响乳酸菌等有益微生物的生长，泡菜水中食盐初始添加量较低，在泡菜发酵过程中，蔬菜内部的食盐含量因发酵液中食盐的迁移而不断升高，当蔬菜内外环境达到平衡时，蔬菜食盐含量将不再变化。

很多人制作泡菜时也会加入白砂糖，例如一些"洗澡泡菜"，酸甜可口，这个甜味多来自辅料白砂糖。除了人为添加以外，泡菜中还含有少量来自原料和微生物发酵产生的游离糖，主要有果糖、葡萄糖、蔗糖等。这些游离糖一方面可以和其他呈味物质相互影响，还能够与氨基酸、有机酸等发生反应进一步形成酸、酯、醛等各种风味成分，改善泡菜口感，另一方面也是微生物主要的营养物质，乳酸菌、酵母菌、醋酸菌等作用的底物是可发酵的糖（以葡萄糖为主），这些糖被代谢生成乳酸、酒精和乙酸等。

氨基酸也是泡菜主要风味和营养物质，这些氨基酸除了来自泡菜原辅料，微生物的代谢活动也可以产生大量的氨基酸，鲜双等（2021）发现不同方式发酵的哈密瓜幼果中均检出了天冬氨酸、苏氨酸、丝氨酸等17种氨基酸，其中7种为必需氨基酸，其余10种为非必需氨基酸，伴随发酵过程的进行，氨基酸含量不断下降。在四川泡菜和东北酸菜中检测出了16种游离的氨基酸，以丙氨酸、脯氨酸和丝氨酸为主，这些氨基酸呈现出不同的味道，例如四川泡菜中还含有较多的甜味氨基酸——丙氨酸、脯氨酸和丝氨酸，发酵过程中这些氨基酸含量不断降低，此外还含有少量的精氨酸和蛋氨酸等苦味氨基酸；东北酸菜中呈鲜味的谷氨酸随发酵进行含量不断增加。这些氨基酸的甜、苦、鲜味有助于形成泡菜复杂的风味。发酵方式对于氨基酸含量也有一定的影响，发酵终点时，老卤水泡菜中氨基酸总量比新卤水泡菜高。

（二）泡菜中呈气味的物质

物质的气味是通过鼻腔被感知，这类物质具有一定的挥发性，不同结构的化合物呈现的气味明显不同。而呈气味的物质多由酸、醇、酯等共同构成，一般也是原辅料和微生物的发酵作用直接或间接产生。

1. 物质结构与气味的关系

不同原辅料特征气味差异较大，主要是由于它们含有的呈现风味的物质不同，具有气味的物质包括醇类、酮类、醛类、酯类、酸类、芳香族化合物、萜类、含硫化合物、含氮化合物、杂环化合物等，这些物质结构不同，产生的气味也有很大差异。1~3个碳的醇类具有使人愉快的气味，4~6个碳的醇能产生近似麻醉剂的气味，7个碳以上的醇呈现芳香味；丙酮有类似薄荷的香气；2-庚酮有类似梨的香气；低浓度的丁二酮有奶油香气，但浓度稍大就有酸臭味；10~15

个碳的甲基酮有油脂酸败的哈喇味；低级脂肪醛有强烈的刺鼻气味。随分子量增大，刺激性减小，并逐渐出现愉快的香气，8～12 个碳的饱和醛有良好的香气；由低级饱和脂肪酸和饱和脂肪醇形成的酯，具有各种水果香气；苯甲醛具有杏仁香气，桂皮醛具有肉桂香气，香草醛呈现香草香气；硫化丙烯化合物多具有香辛气味；噻唑类化合物具有米糠香气或糯米香气。还有一些结构呈现令人不愉快的气味，例如食品中低碳原子数的胺类，几乎都有恶臭，多为食物腐败后的产物。

2. 原辅料气味产生途径

果蔬中这些呈气味物质形成途径不同，主要是通过自身生物合成产生，也有很多经微生物发酵、酶催化或加热产生。由生物体直接合成形成的香气成分主要是脂肪氧合酶催化脂肪酸合成的挥发物，这些反应的前体物多为亚油酸和亚麻酸，产物一般为 6 个碳和 9 个碳的醇、醛类以及由 6 个碳和 9 个碳脂肪酸所生成的酯，例如己醛就是苹果、菠萝等水果中的嗅味物；$2t$-壬烯醛（醇）和 $3c$-壬烯醇则是香瓜、西瓜等的特征香味物质。

酶也可以催化香味前体物质形成香气成分，如芦笋中的香味物质二甲基硫和丙烯酸是相关的酶催化其前体物——二甲基-β-硫代丙酸形成的。加热分解作用也是形成香气成分的重要途径，在加热过程中原料中的糖、氨基酸等发生麦拉德反应、焦糖化反应、Strecker 降解反应可产生吡嗪、糠醛等多种气味物质，干香菇比湿香菇气味更加浓郁便是由于烘干过程中产生了香菇精这种特征气味物质。

3. 原辅料中典型的气味成分

由以上可知，不同果蔬气味物质形成的途径和反应参与物不同，气味必然存在很大的差异。水果的香气成分主要是以亚油酸和亚麻酸为前体物经生物合成途径产生，一般为 6～9 个碳的醛类和醇类，此外还有酯类、萜类、酮类、挥发酸等，如柑橘以萜类为主要气味物，哈密瓜的香气成分中含量最高的是 $3t,6c$-壬二烯醛。蔬菜中气味物质的形成途径也主要是生物合成，黄瓜、青椒、番茄等葫芦科和茄科蔬菜特征气味物有 6 个或 9 个碳的不饱和醇、醛及吡嗪类化合物，具有显著的青鲜气味；胡萝卜、芹菜、香菜等伞形花科蔬菜具有微刺鼻的芳香气味，头香物为萜烯类化合物；姜、蒜、洋葱、葱、韭菜等百合科蔬菜具有刺鼻的芳香，气味成分主要是含硫化合物（硫醚、硫醇），生姜含有丰富的姜醇、姜酮和姜酚，大蒜中含有大蒜素及二硫化合物等；卷心菜、萝卜、花椰菜、芥菜等十字花科蔬菜具有辛辣气味，最重要的气味物也是含硫化合物（硫醇、硫醚、异硫氰酸酯）；蘑菇主香成分有肉桂酸甲酯、1-辛烯-3-醇、香菇精等。

原辅料气味不同从而导致泡菜的气味也明显不同，可用于制作泡菜的蔬菜有很多，白萝卜、胡萝卜、辣椒、竹笋、包菜、生姜、大蒜等都是常见的原辅料，其中的气味成分共同构成了泡菜特殊的香味。

4. 发酵食品气味物质及其来源

在食品发酵过程中，微生物通过氧化还原酶、水解酶、异构化酶、裂解酶、转移酶、连接酶等，使原料成分生成小分子物质，这些小分子物质再经过各种化学反应生成许多气味物质。发酵食品的后熟阶段对气味的形成有较大的贡献。发酵食品的香气成分主要是微生物作用于蛋白质、脂类和糖等物质产生，例如，酒类产品中乙醇主要是酵母菌代谢可发酵糖产生，在白酒中发现了 300 多种香气成分，除了乙醇以外，还有酯类、酚类、羰基化合物、羧酸等芳香物质；酱油是曲霉、乳酸菌和酵母菌共同发酵而成，其中的香气成分主要是酯类，甲基硫也是酱油特征香气的主要成分；食醋是经霉菌、酵母菌和醋酸菌发酵而成，其中的香气成分包括醋酸、乙酸乙酯等。

泡菜中挥发性成分对于泡菜气味至关重要，包括酸、酯、醇、酚、酮、醛和硫化物等，很多研究者对其进行了分析。有研究采用 GC-MS 或 SPME/GC-MS 对不同泡菜中气味成分进行分析，共测得 49 种非挥发性物质和 51 种挥发性物质，非挥发性物质包括 16 种有机酸类、12 种氨基酸类、7 种醇类和 7 种糖类，此外还检出 4 种胺类、1 种酰胺类、甘油醛和卟吩，泡菜中醇类物质主要是丙二醇、甘油、肌醇、甘露醇和山梨醇；泡菜中的挥发性物质包括 11 种烯烃类物质、7 种酯类、7 种含硫化合物和 6 种酮类、5 种酸类和 5 种醇类等。这些成分除了来自蔬菜外，很大一部分由微生物发酵直接或间接产生。泡菜发酵中的微生物有乳酸菌、酵母菌、醋酸菌，其中乳酸菌是最主要的微生物，乳酸是泡菜形成的关键因素之一，还含有一定的乙酸，乙酸主要是醋酸菌发酵乙醇产生，含量较少，但是对于泡菜总体感官比较重要，虽然有研究显示，乙酸含量与泡菜品质呈正相关，但是也不是越多越好，因此，泡菜发酵过程中要避免醋酸菌的过量繁殖。醇类也是泡菜中主要的挥发性成分，酵母菌发酵可发酵糖产生乙醇，类似地，醇类也不是越多越好，因此要避免酵母菌过度繁殖。除此之外，各种微生物代谢产生的酸、醇、糖、氨基酸等相互影响，这些物质还可以进一步发生反应，产生各种气味物质，共同构成泡菜的气味。

五、亚硝酸盐

亚硝酸盐简称 NIT，亚硝酸根结构如图 2-9 所示。亚硝酸盐是一种性状与食盐非常类似的无机含氮盐，广泛存在于自然界中。

NIT 具有很强的还原性，过量摄入会造成组织缺氧，NIT 的中毒剂量为 0.3～0.5g，大量的摄入可能会导致死亡。NIT 主要通过以下途径危害人体健康：

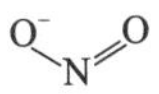

$$O^- \underset{N}{} O$$

图 2-9　亚硝酸根结构

①NIT 进入血液后，能够和血红蛋白结合，形成高铁血红蛋白，从而使血红蛋白失去运输氧气和二氧化碳的功能，当高铁血红蛋白含量超过 1% 时，就会引起高铁血红蛋白血症，出现呼吸困难、头晕等中毒症状；②NIT 能与仲胺、叔胺等发生亚硝化反应生成 N-亚硝胺类化合物。N-亚硝胺是公认的强致癌物，可能引起食管癌、膀胱癌和肝癌等。NIT 还可能损害心血管系统，扰乱维生素 A 的吸收。

　　NIT 存在于很多食物中，隔夜的饭菜、萎蔫的蔬菜中都发现了 NIT 的存在，虽然 NIT 有诸多危害，但是也是我国国标（GB 2760）规定的护色剂，可以改善肉制品颜色，在腌肉过程中起到护色，防腐，产生腌肉制品特有风味的作用，在使用时，应严格按照规定在安全使用量范围内添加。

　　泡菜是大家喜欢的食物，但是亚硝酸盐带来的安全问题是需要解决的关键。泡菜中亚硝酸盐主要源于蔬菜自身和硝酸盐还原菌对硝酸盐的还原作用。蔬菜原料在生长过程中通过固氮作用将环境中的无机氮转化成硝酸盐，或者在根瘤菌等自生固氮菌的作用下将 N_2 转化成 NH_3，然后通过硝化作用，转化成亚硝酸盐，再进一步氧化成硝酸盐。蔬菜采摘后，储藏不当会导致 NIT 快速积累。在泡菜腌制过程中，也会明显促使亚硝酸盐的产生，有研究表明，自然界中大约有 100 多种细菌具有硝酸盐还原能力，开放式的泡菜腌制环境中除了主要的发酵微生物外，还有其他微生物的生长，其中也包括此类细菌，尤其是发酵前期，乳酸菌生长缓慢，泡菜水的 pH 值较高，一些硝酸盐还原细菌生长未被抑制，其对硝酸盐还原作用强烈，可迅速将蔬菜原料中的硝酸盐大量还原为 NIT，反应过程是：

$$NO_3^- + NADPH + H^+ + 3e^- \longrightarrow NO_2^- + NADP + H_2O$$

　　因此，在泡菜发酵前期泡菜水中的 NIT 含量会急剧增长，在 5d 左右出现峰值（即亚硝峰），此后乳酸菌大量繁殖，泡菜水 pH 值下降，不但抑制了杂菌生长，还可以降低 NIT 含量，因此泡菜制作过程中，NIT 含量呈现先增加后降低的趋势，值得一提的是，不同的蔬菜亚硝峰值不同（图 2-10）。亚硝峰出现后再经过 3~10d，NIT 含量降低至最低，此时使用泡菜更加安全。

　　我国相关标准规定，在酱菜中亚硝酸盐的残留量不允许超过 20mg/kg。Kim 等（2017）发现韩国成熟泡菜中的亚硝酸盐含量在 1.30~2.98mg/kg 之间；欧美地区腌制的蘑菇、希腊橄榄和红甘蓝等发酵蔬菜制品中亚硝酸盐的最低含量为 1.5mg/100g。

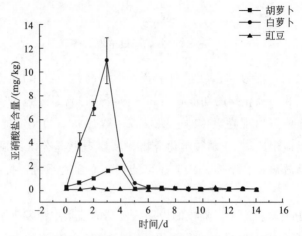

图 2-10　不同蔬菜泡菜的亚硝酸盐含量的变化

采用老泡菜水制作泡菜，亚硝酸盐含量变化也呈先增加再降低的趋势，但是亚硝峰出现得更早，峰值也显著低于新盐水泡菜的峰值（图 2-11）。

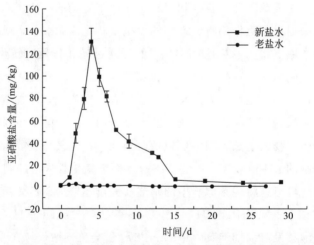

图 2-11　新、老盐水腌制萝卜中的亚硝酸盐变化趋势

六、微生物

泡菜发酵一般采用自然发酵，发酵微生物主要来自原辅料和泡菜坛等器皿附着的微生物，主要的微生物包括乳酸菌、酵母菌和醋酸菌等，这些微生物在泡菜发酵过程中不断变化，早在 1961 年，Pederson 等已经研究了酸黄瓜发酵过程中菌种的变化规律，发现肠膜明串珠菌是泡菜发酵的初始菌种，发酵后期短乳杆菌和植物乳杆菌成为优势菌种。20 世纪八九十年代，我国也提出了中式泡菜的三

段发酵理论，在发酵前期由肠膜明串珠菌启动发酵，中期是以植物乳杆菌为主的发酵，后期以植物乳杆菌、短乳杆菌和片球菌终止发酵。甘奕（2019）从韩国泡菜中分离得到植物乳杆菌（_L. plantarum_）、弯曲乳杆菌（_L. curvatus_）、短乳杆菌和肠膜明串珠菌肠膜亚种（_Leuconostoc mesenteroides_ subsp. _mesenteroides_），发酵结束后的乳酸菌主要是植物乳杆菌和短乳杆菌，并含有弯曲乳杆菌和肠膜明串珠菌肠膜亚种。

　　泡菜中乳酸菌的变化包括种类和数量两方面的改变，受到发酵环境 pH 值的影响，在发酵初期，体系 pH 值较高，并残留少量空气，此时耐酸能力较弱、生长较快的肠膜明串珠菌快速生长。肠膜明串珠菌主要进行异型乳酸发酵，能够产生 CO_2，导致发酵液出现"冒泡"的现象。这类乳酸菌在生长过程中消耗了泡菜液中的氧气，产生大量乳酸，使发酵液 pH 值快速降低，抑制有害微生物的生长和繁殖，同时，能抑制果胶酶的酶活，保证蔬菜的硬度和脆性，这个阶段还生成了醇、酸和酯类等芳香成分，丰富了泡菜的风味。随后进入发酵中期，因 pH 值的降低，肠膜明串珠菌的生长受到抑制，乳杆菌属、片球菌属等耐酸性更强的细菌逐渐替代明串珠菌属成为优势菌种，在这些乳酸菌的作用下，发酵液 pH 值进一步下降，有研究者认为，当泡菜卤水 pH 值低于 4.0，可滴定酸度高于 0.3g/100g 时，即可认为泡菜达到了成熟状态，此时生蔬菜味基本消失。在发酵末期，耐酸性更强的植物乳杆菌成为主要的微生物，在这个时期，形成了乙酸、甲酸、丙酸、醇、酯、醛等各种风味成分，此时，泡菜风味已经完全形成，需要及时终止发酵，以避免过度发酵导致泡菜风味和品质的下降。

　　泡菜在发酵过程中，有益的发酵作用除了来自乳酸菌外，还来自酵母菌和醋酸菌，在正常的发酵过程中，这两类菌一般呈现先增加后趋于稳定的状态，但是也有可能出现过量繁殖的状态，从而导致泡菜风味劣变。泡菜发酵中的微生物还会受到原辅料、食盐浓度、温度、pH 值等多方面的影响，有利的影响会促进乳酸菌增殖，抑制有害微生物生长，提高泡菜品质，反之，会导致泡菜品质劣变，甚至腐烂、变质。下面了解一下原辅料、食盐浓度、发酵温度、酸度、氧气等因素对发酵过程微生物生长状况的影响。

（一）原辅料

　　原辅料上携带的微生物是泡菜发酵的主要菌种来源，不同原辅料携带微生物种类不同，因此，在泡菜发酵过程中微生物种类和数量变化情况也会出现差异。例如，大白菜在腌制过程中，乳杆菌、片球菌、魏斯氏菌（_Weissella_）等含量较高，而以萝卜、辣椒为主要原料时，乳杆菌和片球菌是主要的发酵菌；在泡梨中，发现了大量的乳酸菌属、酵母菌和肠杆菌属（_Enterobacter_）。生姜、大蒜、花椒等是泡菜发酵过程中常添加的辅料，这些辅料主要起到增加风味的作用，但是有研究发现，这些辅料中含有的功能性成分会影响泡菜发酵过程中微生物的生长繁殖，例如泡菜发酵中添加大蒜，能够有效抑制大肠杆菌等有害微生物，同时促进乳杆菌等有益微生物的生长。大蒜中携带的明串珠菌、乳杆菌等也是泡菜主要的发酵菌来源。香辛料中含有大量的抑菌成分，在制作泡菜的过程中加入一定量的香辛料，能够抑制发酵初期腐败微生物的快速繁殖，从而为乳酸菌的增殖争取时间，泡菜的品质也更好。

（二）食盐浓度

食盐是腌制蔬菜至关重要的成分之一，在腌渍品中，食盐的添加量往往很大，高浓度的食盐能够形成很高的渗透压，使原料中水分大大降低，一方面能够起到抑菌防腐的作用，另一方面可以形成腌制品特有的风味。但是对于泡菜来讲，高浓度的食盐在抑制腐败菌生长的同时也会抑制乳酸菌的生长，不利于发酵过程的进行，因此泡菜往往采用低盐发酵，虽然低的食盐浓度无法达到完全抑制腐败菌生长的目的，但是对于控制酸化环境到来之前腐败菌大规模的繁殖能够起到关键的作用。

食盐浓度会影响发酵环境细菌的组成，例如在低盐浓度下明串珠菌生长良好，而乳杆菌和魏斯氏菌则在高盐浓度下良好生长。食盐种类也可能影响泡菜中微生物的生长，川渝地区人们认为采用泡菜盐腌制泡菜风味更好，有研究表明，不同的盐可能导致腌制环境矿物质含量发生变化，从而导致细菌群落出现差异。

（三）发酵温度

微生物种类繁多，不同类型的微生物生长温度不同，同种微生物生长和发酵温度也可能存在很大的差异。泡菜发酵前期，发酵环境微生物种类较多，此时食盐浓度较低，pH 值也较高，有利于醋酸菌、乳酸菌、霉菌、酵母菌等多种菌的生长繁殖，适合乳酸菌生长繁殖及产酸的发酵温度，能够快速降低发酵液 pH 值，抑制杂菌生长，保证泡菜的品质，因此有必要对发酵温度进行控制。

一定温度范围内，温度越高，发酵产酸速度越快，发酵周期也越短。Wang 等（2020）研究了发酵温度（10℃、15℃、25℃、35℃）对泡菜中乳酸菌数量和产酸能力的影响，发现低温时有利于乳酸菌增殖，较高温度下有利于泡菜快速产酸。在川式泡菜和韩式泡菜发酵过程中，高温（25℃）均比低温（10℃）更有利于酸类物质的积累和发酵液 pH 值的降低。邹伟等（2015）认为 26～30℃下，乳酸菌产酸速度更高。但是当温度达到 35℃时，产酸速度低于 30℃的产酸速度。

发酵温度的变化也会导致泡菜中微生物菌群结构发生变化。首先，在不同温度下，乳酸菌菌群构成不同，在东北酸菜中，较低的温度（10℃或15℃）更有利于明串珠菌生长，而魏斯氏菌和乳球菌则在 20℃ 和 25℃ 下生长良好。此外，在泡菜发酵中耐盐性较强的酵母菌受盐度影响较小，但明显受到温度的影响，一定温度范围内，随温度升高，酵母菌数量不断增加，当发酵温度高于 25℃ 时，自然发酵的泡菜容易被污染，表面长"白花"。值得注意的是，温度在发酵初期对微生物影响较大，在后期 pH 值降低至较低的水平，能够存活的微生物种类大大降低，因此，受温度影响也较小。

（四）酸度

泡菜发酵起始酸度较高，pH 值一般在 5 以上，此时泡菜中的细菌会快速生长繁殖，其中腐败菌的生长会抑制乳酸菌的生长繁殖，严重时可能导致泡菜发酵失败，因此，此阶段凸显了食盐和香辛料的抑菌作用带来的效果。伴随乳酸菌数量的增加，乳酸的产量也迅速增加，腐败菌被显著抑制，乳酸菌数量进一步提高，pH 值下降。当酸度提高到一定值时，一些乳酸菌的生长也受到抑制，而耐酸性强的乳酸菌存活下来，成为主导菌群，在泡菜 pH 值恒定在 3~4 时，仍有一定量的短乳杆菌等存活。酸度的改变也会影响酵母菌和醋酸菌的生长，较高的酸度抑制了大部分酵母菌和醋酸菌的生长，使酒精发酵和醋酸发酵得到一定的控制。

（五）氧气

微生物种类繁多，根据氧气需求程度，可以分为需氧菌、厌氧菌和兼性厌氧菌。需氧菌和厌氧菌的生长繁殖对氧气的需求截然不同，前者生长环境中必须有氧气，而后者不能有氧气存在，否则难以存活。兼性厌氧菌在有无氧气时均可以存活，通常在有氧环境中，会生长繁殖，生物量增加，而在无氧环境中则进行发酵，积累代谢产物。泡菜中的乳酸菌多为兼性厌氧菌，在厌氧条件下，乳酸菌发酵产生乳酸，使发酵液 pH 值降低，从而达到抑制其他微生物生长的作用，因此，在泡菜发酵过程中，快速使发酵环境中氧气含量降至极低的水平是泡菜制作成功的关键。泡菜在制作时控制氧气的关键操作点主要有两个，一个是腌制工艺的控制，一个是泡菜坛的选择。蔬菜整理完毕，入坛腌制，此时蔬菜要完全浸入泡菜水中，以保证无氧腌制环境。泡菜坛沿要采用水封，在腌制过程中，要保证坛沿的水不干，这样能够有效保证密封发酵，避免空气混入影响泡菜品质。厌氧环境一方面可以抑制霉菌和需氧的腐败细菌的生长，控制其中酵母菌和醋酸菌的过量繁殖；另一方面，还能促进乳酸菌的生长和乳酸的产生。

（六）泡菜制作工艺

泡菜的制作包括自然发酵、人工接种乳酸菌发酵和老泡菜水发酵，不同制作工艺中初始泡菜微生物菌群结构和数量存在很大的差异，在后续发酵中微生物变化也不同。

自然发酵过程中，微生物种类较多，但是数量均比较少，初始发酵条件对微生物菌群结构变化影响较大，条件控制不当，也有可能导致腐败菌大量繁殖，造成泡菜制作失败。人工接种乳酸菌发酵，在发酵初期乳酸菌即成为优势菌群，与自然发酵相比，发酵液 pH 值降低得更快，仅需 2～3d 总酸含量就达到 0.5％以上，而自然发酵需 8d 才能达到同等的酸度水平，pH 值的快速下降使腐败菌的生长受到抑制，也更有利于泡菜的成熟。人工接种发酵过程中，产酸速度随发酵剂添加量的增加而加快，但当乳酸菌初始添加浓度达到 10^6CFU/mL 以上时，产酸情况差异不大。老泡菜水发酵类似人工接种发酵，发酵初期发酵液中也含有大量的乳酸菌，乳酸菌的种类可能与人工接种的乳酸菌种类不同，是自然发酵后期主导乳酸菌，此外，发酵体系 pH 值较低，也有利于腐败菌的抑制，利用老盐水发酵泡菜，也更有利于泡菜的成熟。

第三章

泡菜加工原辅料

蔬菜、菌类、海产品及猪蹄等少数的动物产品都是泡菜加工的原料，不同原料营养价值和组织结构有很大的差异，因此形成的泡菜产品质量不同。在泡菜制作过程中，还会用到大量的辅料，除了白酒、白砂糖、食用盐、植物油等，苯甲酸钠、苋菜红、氯化钙等部分食品添加剂也可用于泡菜的加工中，本章列举了部分泡菜加工的原辅料，并搜集了 GB 2760 中允许用于泡菜生产的食品添加剂及其限量标准，此外，将相关标准中对于原辅料质量的规定进行了归纳，更有助于泡菜生产企业对泡菜加工原辅料进行质量控制。

第一节　泡菜加工原料

我国地域广阔，气候多样，适合多种蔬菜种植，在我国有 160 种以上蔬菜，根据其食用部位和生物学特性，可以分为根菜类、薯芋类、葱蒜类、白菜类、芥菜类、甘蓝类、叶菜类、瓜类、茄果类、豆类、水生蔬菜、多年生及杂类蔬菜 12 大类。虽然，蔬菜种类众多，但不是所有的蔬菜都能用于生产品质优良的泡菜，一般水分含量低的蔬菜更适合制作泡菜。除了蔬菜外，鸡爪、猪耳等动物性原料，金针菇、木耳等食用菌也是常见的泡菜原料。

一、蔬菜类泡菜原料

用于制作泡菜的蔬菜有叶菜类蔬菜、根茎类蔬菜、果菜类蔬菜等，这些蔬菜所含的成分差异较大，因此营养价值和制作出的泡菜品质也有明显的不同。

（一）叶菜类蔬菜

在叶菜类蔬菜中，常用的蔬菜有白菜、包菜等，叶菜类蔬菜的食用部位主要是叶片，可分为甘蓝、白菜等结球菜，韭菜、香菜等具有香辛味道的蔬菜以及其他叶菜类蔬菜。叶菜类蔬菜是类胡萝卜素、B族维生素、维生素C、矿物质和膳食纤维良好的来源，但是蛋白质含量较低，一般为1%～2%，脂肪含量低于1%，糖含量为2%～5%，膳食纤维约为1.5%，部分叶菜类蔬菜富含叶绿素，维持质地的成分以果胶为主。

1. 白菜

白菜包括大白菜和小白菜，一般结球的称为大白菜，不结球的称为小白菜。白菜中主要的成分是水，约占总质量的95%，还含有少量的蛋白质、碳水化合物、脂肪、膳食纤维、维生素A、维生素E、维生素C、维生素B_1和维生素B_2等多种维生素以及钙、钠、镁、磷等矿物质元素，果胶类物质是维持其质地的主要成分。白菜是冬季常见蔬菜的一种，除了烹调以外，也是腌制常用的原料之一。

2. 叶用芥菜

芥菜种类较多，包括根用芥菜、苔用芥菜和叶用芥菜。叶用芥菜属于十字花科二年生草本植物类，具有特殊的香辣味，以水分为主（约占90%），还含有蛋白质、碳水化合物、脂肪、膳食纤维及维生素A、类胡萝卜素、维生素C等多种维生素及钾、钙、磷等矿物质，可用于腌制酸菜和梅干菜等。

（二）根茎类蔬菜

根茎类常见的原料有莴苣、竹笋、茭白、白萝卜、水萝卜、胡萝卜、仔姜、生姜、青菜头、儿菜、莲藕、大蒜、芹菜等。根茎类蔬菜的食用部位是蔬菜的根或嫩茎，这类蔬菜耐贮藏，质地较紧实，制作的泡菜质地脆嫩，腌制过程中不易变软。根茎类蔬菜蛋白质含量为1%～2%，脂肪含量低于0.5%，糖含量差异较大，例如萝卜中仅为5%，而莲藕中的糖高达16%，还有的达到20%以上。根茎类蔬菜的膳食纤维含量低于叶菜类，约为1%，部分蔬菜色素含量丰富，如胡萝卜含有大量的类胡萝卜素，胭脂萝卜含有丰富的多酚类色素。

1. 萝卜

萝卜属于十字花科植物，在我国各地均有种植，萝卜品种繁多，有白萝卜、青萝卜、胭脂萝卜等，按照形状，萝卜又包括长形萝卜、球形萝卜、圆锥形萝卜等。

萝卜是最古老的栽培蔬菜之一，口感脆嫩，可烹调也可直接生食。萝卜一般具有一定辛辣味道，萝卜皮中的辛辣成分高于萝卜肉质部分。萝卜含有约 94% 的水分，脂肪、蛋白质含量都比较低，其中的碳水化合物约占 5%，此外 B 族维生素和矿物质也比较全面。除了营养丰富外，萝卜还具有保健作用，生食时有健胃消食的作用，民间也有用萝卜治疗咳痰咳喘、气管炎、便秘等病症。

萝卜是比较适合腌制的蔬菜，腌制后通常可以保持良好口感，也是四川泡菜和韩国泡菜主要原料之一。

2. 莲藕

莲藕是莲肥大的地下茎，生莲藕味道略甜，有明显收敛的感觉，质地清脆，可做菜也可生食，还可以加工成藕粉，具有消食止泻、开胃清热等药用功能。

莲藕含有蛋白质、碳水化合物、膳食纤维、维生素 C、钙、钾、铁等多种营养成分，有助于缺铁性贫血、便秘、糖尿病等人群健康的改善。莲藕切开后会变褐，主要是其中的多酚化合物——鞣质在酚酶的催化作用下氧化成类黑精（褐色色素）所致。此外，采用铁锅加热莲藕也容易使其出现变黑的现象。

（三）果菜和豆类蔬菜

果菜和豆类原料主要有黄瓜、冬瓜、辣椒、苦瓜、黄豆、豇豆等。果菜类蔬菜原料水分含量高，蛋白质含量一般为 0.4%～1.3%，糖类为 0.5%～3%，脂肪含量较低，膳食纤维约为 1%，番茄、辣椒等蔬菜中还含有丰富的胡萝卜素。豆类蔬菜营养丰富，蛋白质含量高达 2%～14%，糖含量约为 4%，膳食纤维为 1%～3%，胡萝卜素的含量也普遍较高。

1. 黄瓜

黄瓜属于葫芦科一年生蔓生草本植物，水分含量较高（约 96%），蛋白质含量为 0.8% 左右，糖含量为 2.9%，膳食纤维含量较低，约为 0.5%。黄瓜口感脆嫩，可烹调，多生食。中医认为黄瓜能除热、解毒、治疗咽喉肿痛等，黄瓜也被用于制作化妆品，有美容功效。

黄瓜中果胶类容易被分解，因此腌制后更容易变得软烂，在腌制时需要采取适当的保脆措施，例如在卤水中添加 0.1%～0.4% 的氯化钙，加入明矾、氢氧化钙或使用粗盐也可以增加黄瓜脆度，也有人加入葡萄叶等富含单宁的物质进行黄瓜的保脆。

2. 豇豆

豇豆又称豆角、带豆等，蛋白质含量为 2.9%，碳水化合物含量约为 5.9%，膳食纤维含量也较高，达 2.3% 左右，维生素和矿物质种类比较丰富。豇豆一般烹调后食用，是夏季常见的蔬菜品种。豇豆是四川泡菜常见的原料。

二、食用菌类泡菜原料

食用菌富含蛋白质、氨基酸、矿物质、维生素等，蘑菇、香菇等干菇的蛋白质含量高达 20% 以上，蛋白质中氨基酸组成均衡，其中必需氨基酸含量占蛋白质总量的 60% 以上，脂肪含量较低，糖含量约为 20%～35%，维生素和矿物质比较充足。食用菌营养丰富，具有调节机体免疫、降胆固醇等生理功能，部分食用菌多糖还具有抗肿瘤作用。用于泡菜生产的食用菌有金针菇、黑木耳、平菇等。

1. 金针菇

金针菇是大型真菌的一种，属真菌门担子菌亚门层菌纲伞菌目口蘑科金钱菌属，多丛生于榆、桦、柳、桑等阔叶树的枯树桩或树枝上，也可进行人工栽培。金针菇肉质柔软有弹性；菌盖呈球形或扁半球形，担孢子生于菌褶子实层上，孢子椭圆形或梨核形，无色，光滑。

新鲜的金针菇水分含量约为 90%，蛋白质含量为 2.4%，碳水化合物含量为 6.0% 左右，膳食纤维含量为 2.7%，脂肪含量较低（0.4%），矿物质含量丰富，尤其是其中的钾和磷，每 100g 新鲜金针菇中钾含量达到 195mg，磷含量为 97mg，此外，维生素种类也比较均衡。

2. 黑木耳

野生黑木耳主要生长在栎木、槐木等的朽木上，也可采用棉籽壳、木屑、秸秆等为原料，人工栽培黑木耳，目前在我国的东北、中南、西南、华北及沿海各地区均有种植。

市场上有新鲜和干燥的黑木耳两类产品，干木耳复水后，感官品质接近新鲜的黑木耳。黑木耳的子实体呈胶质状，有弹性，滑嫩可口。黑木耳营养丰富，每 100g 鲜木耳中约含有蛋白质 12.1g、碳水化合物 65.6g，其中膳食纤维 29.9g，有"素中之肉"的美称，黑木耳中维生素和矿物质均衡，矿物质含量尤其丰富，其中的钙、磷、钾、镁、铁分别为 247mg、292mg、757mg、152mg、97.4mg，黑木耳是世界公认的保健食品，有润燥利肠、补血补气等功效。

三、水果类泡菜原料

大多数水果汁多味甜，能够为人体提供大量的维生素、矿物质等必需的营养素。水果在日常生活中主要是直接食用，但是也有少量的水果可用于生产泡菜，如木梨、青梅、板栗、橄榄、柚子、苹果等。新鲜的水果水分含量高，糖类差别较大，有的水果含糖类仅为 6%，而有的水果糖含量高达 25%，水果中蛋白质和脂肪含量均低于1‰，维生素C和胡萝卜素在不同水果中差异较大。除了营养素外，水果中还有大量生物活性成分，从而使这些水果表现出良好的食疗功能，例如，梨有清热降火的作用，苹果有生津开胃、美容养颜的功效。

四、海产品类泡菜原料

海产品是来自海洋的动植物，这类产品营养丰富，尤其是矿物质含量较高，例如每100g海带含有钙241mg、钾222mg、钠106mg，用于生产泡菜的原料主要有鱿鱼、墨鱼仔、海带、海白菜等。

五、禽畜类泡菜原料

虽然泡菜原料中禽畜类原料比较少，但是其口感和风味与植物性原料明显不同，因此禽畜类原料制作的泡菜也在泡菜市场上占有一席之地，凤爪、猪蹄、鸭胗、仔兔、猪尾、鲫鱼、羊耳、鸭掌、蹄筋、牛腱等都可以用于泡菜制作，为了得到较好的感官品质，这些原料一般和植物性原料尤其是小米辣等一起发酵。

从成分上看，禽畜类原料中的蛋白质和脂肪显著高于植物性原料，猪蹄、凤爪等中的蛋白质以胶原蛋白为主，胶原蛋白能够赋予食物弹脆口感，还能使皮肤富有弹性，是良好的美容成分。但是需要注意的是，禽畜类原料中脂肪含量也普遍较高，畜产品脂肪中的脂肪酸以饱和脂肪酸为主，这类脂肪会引起人体甘油三酯和胆固醇的升高，导致肥胖、脂肪肝等的发生，需要控制摄入量。

第二节　水

水是食品生产不可缺少的一部分，水按照硬度（水中Ca^{2+}、Mg^{2+}等离子含量高低）可以分为硬水和软水，根据来源又可以分为自然水和人工水，自然水指的是未经人工处理过的水，例如矿泉水、山泉水等；人工水是人为去除或添加少量矿物质成分而制成的水，如纯净水、蒸馏水、离子交换水等。食品生产大多环节都离不开水，一方面水是重要的原料，像啤酒、葡萄酒这类产品，水质直接影响产品感官品质；另一方面原料洗涤、产品外包装清洁、厂区和设备清洗等环节也都需要水，并且对水质有相应的要求，在生产中，食品生产用水应满足相应的标准要求，例如泡菜生产用水应符合GB 5749要求。

在泡菜生产中，水主要用于原辅料清洗、泡菜坛洗涤等，也是制作泡菜水的必需品。泡菜原料经过初步处理后，需要浸泡于泡菜水中，因此，在泡菜制作过程中，重要的操作步骤之一便是泡菜水的制作。生产泡菜的水在各个地区可能存在一定的差异，川渝地区一般采用"凉白开"（沸水晾凉而成）制作泡菜水，也有采用井水、泉水腌制泡菜，但是一般不采用自来水制作泡菜，自来水中大量的氯可杀死水中的微生物，若用自来水制作泡菜，水中的氯会影响泡菜发酵微生物的生长繁殖，使发酵过程无法进行。

在水中加入花椒、生姜、白酒、白糖等便制成了泡菜水。泡菜腌制过程中，不可与油脂接触，也不宜与生水接触，否则会导致泡菜制作失败。为了缩短发酵过程，改善泡菜风味，以老泡菜水或老泡菜水混合新泡菜水直接腌制泡菜也是常用的方法。

第三节　辅　料

泡菜腌制的辅料包括食盐、白砂糖、白酒、花椒和八角等香辛料以及多种食品添加剂等，这些成分虽然不是泡菜中主要的食用部分，但是对泡菜的发酵、风味的形成至关重要。

一、食盐

食盐是一种以氯化钠（NaCl）为主的调味品，呈咸味。咸味是"五味之首"，日常烹饪中，能够赋予菜肴咸味。据说在仰韶时期（约公元前 5000 年～前3000 年）古人已经学会煮海水制食盐。食盐种类较多，大体包括原盐、精盐和特种食盐。原盐是利用自然条件晒制而成，色泽灰白，纯度较低，可用于腌菜、腊肉、腌鱼等的制作；精盐是对原盐的进一步精炼，以卤水或盐为原料，用真空蒸发制盐工艺或粉碎、洗涤、干燥工艺制得的食用盐。精盐颜色较白，颗粒较小，NaCl 含量可达 99％以上，通常用于日常烹饪；特种食盐是为了满足特定需要加工而成的食盐，常见的有低钠盐、加碘盐、富硒盐、钙盐、加锌盐、加铁盐和风味盐等，特种食盐的价格也略高于精盐。

精盐和特种食盐都属于加工食盐，脱除了原盐中的大部分矿物质，添加了碘、防结块剂等成分，但是很多人习惯用非加工原盐腌制泡菜，因为未精炼食盐中的矿物质具有生物可利用性，是发酵过程中重要的营养成分之一，其中的钙、镁等离子可以和果胶交联，有利于果蔬保脆。市场上还有专门用于泡菜制作的泡菜盐，这种食盐纯度略低。值得注意的是，一些偏僻的地区还存在一些"粗盐"，颗粒较大，将其放在手中揉搓后，出现脚臭味，这种盐存在严重的安全问题，其中亚硝酸盐超标，不能用于食品加工和生产。

食盐是盐渍菜、酱渍菜、泡菜等腌制品不可缺少的辅料之一，除了调味以外，还有一个重要的作用是抑制有害微生物的生长。不添加食盐或食盐添加量较少的情况下，蔬菜在发酵过程中有害微生物快速繁殖，导致蔬菜腐烂，产生异味，因此，盐渍菜、酱渍菜等一般可用食盐预腌制蔬菜，制成盐腌坯，然后脱盐或不脱盐进一步添加食盐、酱、醋等进行腌制，在食盐高渗透压的作用下，蔬菜脱水收缩，微生物生长受到抑制，从而形成腌制品特有的口感和质地，同时延长其保质期。但是对于泡菜而言，食盐浓度也不宜过高，否则会抑制乳酸菌的生长，不利于发酵过程的进行。

泡菜是将新鲜的蔬菜或脱盐的盐腌坯浸没在食盐水中泡制而成。泡制泡菜的食盐水浓度一般不高（2％～8％），如四川老卤水中盐度一般在 1.17％～6.43％ 之间，从微生物的角度来看，较低的食盐浓度在发酵早期可以抑制腐败微生物的生长，但是，不会对乳酸菌的生长繁殖产生明显的影响。随着发酵过程的进行，食盐从泡菜水中向蔬菜原料中渗透，最后趋于平衡，例如在泡菜水中食盐添加量一定的情况下，川式泡菜和韩式泡菜中食盐含量随时间延长都在不断增加，发酵15d后，泡菜中食盐含量趋于稳定，最终达到3％左右。日本成熟泡菜的盐度一般为 1.34％～6.94％（平均值为3.86％）。

二、糖

糖是泡菜制作中常用的辅料之一，一般家庭生产时多加白砂糖，可以起到调节泡菜味道的作用。对于以酸甜为主要味道的泡菜来说，糖是其不可或缺的辅料。红糖和白砂糖的主要甜味物质都是蔗糖，红糖可用于泡菜的制作，但是红糖有一定上色作用，对于浅色蔬菜的腌制，多用白糖。

三、香辛料

香辛料是泡菜制作中重要的辅料，常用的香辛料有生姜、花椒、八角、桂皮、小茴香、香草、豆蔻、排草等，在泡菜腌制时，一般可使用几种香辛料配成香料包使用。这些香辛料中含有大量的香气成分，起到增加香味、除去异味的作用，很多成分还具有抑菌的作用，因此，在低盐发酵的泡菜中，也是抑制发酵前期腐败微生物生长，保证泡菜能够顺利进入乳酸发酵阶段的重要原因之一。下面简单了解几种香辛料。

（一）生姜

生姜，又称黄姜、姜，为药食同源植物，原产于印度尼西亚和印度等地，主产地为中国、印度、美国、欧洲等。生姜中的辛辣和芳香味主要来自所含的挥发油，包括姜油酮、姜油酚、姜烯、水芹烯、金合欢烯等，这些成分能够加速血液循环，刺激胃液分泌，促进消化。生姜含铁量丰富，每 100g 约含有 7mg 铁，比菠菜中铁含量还高。生姜提取物还有抑制葡萄球菌、皮肤真菌的作用。

(二) 花椒

花椒，也叫作川椒、秦椒、蜀椒等，属于香料花椒树浆果的干制品，分为红花椒和青花椒两种，在中国广泛种植，主产于四川、陕西、山西等地。花椒叶和花椒果实均可作为香料用于烹调。花椒的香味和麻辣味主要来自花椒中的挥发油，包括柠檬烯、1,8-桉叶素、月桂烯等。中医认为花椒有温中散寒、除湿止痛等功效，在烹调中，花椒还具有去腥解毒、刺激食欲的作用。

(三) 八角

八角，也称八角茴香、大料、大茴香，原产于中国广西西南部，现主产于中国广西、广东、云南等地以及越南北部。八角中主要的香气成分为大茴香脑，还有少量的黄樟油素、茴香醛、茴香酮等。

(四) 桂皮

桂皮又称肉桂、官桂、香桂，是樟科常绿乔木桂树的树皮，多以干制品出现。桂皮广泛种植于中国广西、云南、江西、福建、四川等地区，常用于食品调香料的生产，也是"五香粉"的主要原料之一，在烹调中能够起到增香调味的作用，其中主要的香气成分是肉桂醛，还含有苯甲醛、水杨醛、丁香酚等成分。

(五) 小茴香

小茴香又称为茴香、小香、小茴、香丝菜，在俄罗斯、匈牙利、法国、意大利和中国各地都有种植。小茴香是药食同源植物，嫩苗可作为蔬菜制作饺子馅，也可煲汤使用，小茴香籽可入药。小茴香中主要香气成分是反式大茴香脑、α-蒎烯、α-水芹烯等。

四、酒

酒是一种重要的发酵产品，白酒、啤酒、葡萄酒等是生活中经常饮用的酒精饮料。除直接饮用外，在食品加工中也能够起到调味、增香、去腥、杀菌等作用。在泡菜生产中，常用的酒有黄酒、料酒、白酒等，酒中的乙醇可以丰富泡菜的风味，也能与泡菜中的乳酸、醋酸反应生成相应的酯，此外，在泡菜"生花"时，加入少量的白酒能够消除这一现象。

五、食醋

食醋是醋酸菌发酵的产物之一，是醋渍类产品制作时不可缺少的原料，在泡菜制作时，为了加速发酵过程，在发酵初期可以加入少量食醋，以降低发酵液pH值，能够起到抑制腐败菌生长、促进乳酸菌增殖的作用。此外，醋酸还能与酒精反应产生醋酸乙酯，能够增加泡菜的风味。

六、食品添加剂

食品添加剂是为改善食品品质和色、香、味，以及为防腐和加工工艺的需要而加入食品中的化学合成或者天然物质，营养强化剂、食品用香料、加工助剂也包括在内。我国食品添加剂国家标准中规定了 2314 个品种的食品添加剂，主要分为 23 个功能类别，涉及 16 大类食品的加工。食品添加剂是一个国家科学技术和经济社会发展水平的标志之一，在食品加工中，主要起到改善感官品质、营养价值、加工性能，延长储藏期等作用。泡菜是包装或不包装产品，一部分防腐剂、甜味剂、酸度调节剂、稳定剂等可用于泡菜的加工。

（一）防腐剂

防腐剂是一类加入食品中的能够防止或延缓食品腐败的食品添加剂，是具有抑制微生物增殖或杀死微生物作用的一类化合物，主要通过破坏微生物细胞膜的结构或者改变细胞膜的渗透性、干扰酶的活性、导致蛋白质变性等途径进行抑菌。我国允许使用的食品防腐剂有 27 种，主要有苯甲酸及苯甲酸钠、山梨酸及山梨酸钾、丙酸钙、丙酸钠、对羟基苯甲酸乙酯、对羟基苯甲酸丙酯、脱氢乙酸、乙氧基喹、仲丁胺、桂醛、双乙酸钠、二氧化碳、过氧化氢、过碳酸钠、乙萘酚、二氧化氯等，下面介绍几种可用于泡菜发酵的防腐剂。

1. 苯甲酸及其盐类

苯甲酸是最常用的防腐剂之一，又称为安息香酸，由于苯甲酸难溶于水，因而多使用其钠盐。

苯甲酸及其盐类属于酸性防腐剂，它们通过未解离的分子起作用，苯甲酸盐需转化成相应的有机酸才能起到抑菌作用，因此，一般在低 pH 值范围内抑菌效果显著，是一种广谱抑菌剂，最适宜 pH 值为 2.5～4.0，高于 5.4 则失去对大多数霉菌和酵母的抑制作用。

苯甲酸被人体吸收后，9～15h 内大部分苯甲酸在酶的催化下与甘氨酸合成马尿酸，剩余部分与葡萄糖醛酸形成葡萄糖苷酸而解毒，并全部进入肾脏，最后随尿排出。因苯甲酸解毒是在肝脏中完成的，所以苯甲酸可能不适宜肝功能衰弱的人群食用。苯甲酸和苯甲酸钠同时使用时，以苯甲酸计，不得超过国标规定的最大使用量。

苯甲酸加热到 100℃时会升华。在酸性环境中易随水蒸气一起蒸发，因此操作人员需要采取防护措施如戴口罩、手套等。

苯甲酸及其钠盐可用于蜜饯凉果、醋、酱油、酱及酱制品、腌制蔬菜、蛋白饮料等产品的防腐，在腌制蔬菜中的最大使用量为 1.0g/kg（以苯甲酸计）。

2. 山梨酸及其盐类

山梨酸又称为花楸酸，盐类常用的有山梨酸钾和山梨酸钙，也是一种酸性防腐剂，在酸性介质中抑菌效果较好，随着 pH 值的增大，防腐效果减弱，适用于 pH 值为 6 以下食品的防腐。

山梨酸是一种不饱和脂肪酸，能够参与人体新陈代谢，转变成 CO_2 和 H_2O，因此，这类防腐剂可以看成食品的成分，属于营养型防腐剂，由于其不会对人体产生毒害，因此是国际上公认的无害食品防腐剂。山梨酸及其盐类能够对霉菌、酵母菌和好气性细菌的生长繁殖起抑制作用，而对嫌气性细菌几乎无效，此外，还能防止肉毒杆菌、葡萄球菌、沙门氏菌等致病微生物的生长和繁殖。由于山梨酸是不饱和脂肪酸，长期暴露在空气中容易被氧化，从而失去抑菌效果。

山梨酸及山梨酸钾同时使用时，以山梨酸计，不得超过最大使用量，在腌制蔬菜中的最大使用量为 1.0g/kg（以山梨酸计）。山梨酸及其盐使用时应注意下列事项：

① 山梨酸易被加热时的水蒸气带出，所以在使用时，应该将食品加热冷却后再按规定用量添加山梨酸类抑菌剂，以减少损失。

② 山梨酸及其钾盐和钙盐对人体皮肤和黏膜有刺激性，要求操作人员佩戴防护眼镜。

③ 在微生物严重污染的食品中添加山梨酸不会起到防腐作用，只会加速微生物的生长繁殖。

3. 脱氢乙酸及其钠盐

脱氢乙酸又称脱氢醋酸，呈无色至白色的片状或针状结晶或粉末，无臭或微臭，几乎无味，无刺激性；易溶于丙酮等有机溶剂，难溶于水，作为防腐剂，多用其钠盐。脱氢乙酸钠也称脱氢醋酸钠，易溶于水、甘油等，其水溶液呈中性或微碱性；耐光耐热效果好，在食品加工中不会分解，也不会随水蒸气蒸发。

脱氢乙酸主要可用于抑制酵母菌和霉菌的生长繁殖，高剂量使用时，对假单胞菌、大肠杆菌等细菌的生长也能起到抑制作用。脱氢乙酸为酸性防腐剂，对中性食品基本无效；其钠盐的抑菌作用受 pH 值的影响较小，在酸性、中性和碱性环境中均有很好的抑菌效果。脱氢乙酸及其钠盐主要通过破坏微生物细胞结构或相关的酶而起到抑制微生物生长的作用，可用于发酵豆制品、蔬菜汁、面包、干酪等食品的防腐，在腌渍蔬菜中，最大使用量为 1.0g/kg（以脱氢乙酸计），腌渍的食用菌和藻类中最大添加量为 0.3g/kg（以脱氢乙酸计）。

（二）甜味剂

甜味剂是以能赋予食品甜味为主要目的的食品添加剂，甜度是评价甜味剂甜度强弱的指标，通常以蔗糖作为衡量不同甜味剂的基准物质。

1. 甜蜜素

甜蜜素化学名称是环己基氨基磺酸钠，是人工合成的非营养甜味剂，其甜度约为蔗糖的 30 倍。甜蜜素甜味纯正，不带异味，甜味刺激来得慢，持续时间长。甜蜜素可用于果酱、腌渍蔬菜、腐乳等生产中，在腌渍蔬菜中最大使用量是 1.0g/kg（以环己基氨基磺酸计）。

2. 糖精钠

糖精钠是糖精的钠盐，也是市售的"糖精"，甜度约为蔗糖的 200～700 倍，有后苦味，分解出的阴离子具有强甜味，分子状态或浓度高时呈苦味。糖精钠在腌渍蔬菜中的最大使用量是 0.15g/kg（以糖精计）。

3. 安赛蜜

安赛蜜又称 AK 糖，甜度约为蔗糖的 200 倍。与其他甜味剂如阿斯巴甜、甜蜜素等并用，有协同作用，可增强甜度，水溶液甜度随温度上升而下降，高浓度略苦。在腌制蔬菜中，最大使用量为 0.3g/kg。

4. 三氯蔗糖

三氯蔗糖是蔗糖经氯化作用得到的，甜度为蔗糖的 400～800 倍；甜味纯正，甜感呈现的速度、持续时间、后味等与蔗糖相似。三氯蔗糖在腌制蔬菜中，最大使用量为 0.25g/kg。

5. 阿斯巴甜

阿斯巴甜又名甜味素，属于氨基酸二肽衍生物，甜味纯正，甜度约为蔗糖的 200 倍。用于偏酸性的冷饮制品中较合适，与蔗糖或其他甜味剂并用时，甜度增加。阿斯巴甜在体内可降解为苯丙氨酸，对健康人体无害，但是因苯丙酮尿症患者体内缺乏代谢苯丙氨酸的酶，故阿斯巴甜不适合苯丙酮尿症患者食用，若食品中添加了此种甜味剂，需在标签上标注。在腌制蔬菜中，阿斯巴甜最大使用量为 0.3g/kg。

6. 纽甜

纽甜是一种功能性甜味剂，甜度约为蔗糖的 7000～13000 倍，甜味比较纯正，可用于调制乳、稀奶油、水果罐头、果酱、腌制蔬菜等食品中，在腌制蔬菜中，最大使用量为 0.01g/kg。

7. 糖醇

糖醇类甜味剂主要是由葡萄糖和麦芽糖等经加氢而得，它们甜度比蔗糖低，具有抗龋齿、不引起血糖升高等特点，可用于泡菜生产的糖醇有麦芽糖醇和麦芽糖醇液、山梨糖醇和山梨糖醇液，它们在腌渍蔬菜中均按生产需要适量使用。

（三）稳定和凝固剂

食品稳定和凝固剂是使食品结构稳定或使食品组织结构不变，增强固形物黏性的一类食品添加剂，列入 GB 2760 中的稳定和凝固剂共有 9 种，包括硫酸钙、氯化钙、氯化镁、丙二醇、乙二胺四乙酸二钠、柠檬酸亚锡二钠、葡萄糖酸 δ-内酯、薪草提取物、刺梧桐胶。按其用途的不同，稳定和凝固剂细分为 5 个小类，分别是凝固剂、果蔬硬化剂、螯合剂、罐头除氧剂和保湿剂。

硫酸钙和氯化钙可用于泡菜生产中，主要起到护色和增加泡菜脆性的作用，例如，在泡菜水中加入 0.05% 的 $CaCl_2$ 能起到保脆效果。乙二胺四乙酸二钠也可作为稳定和凝固剂用于泡菜生产，最大添加量为 0.25g/kg。

（四）增味剂

增味剂是能补充或增强食品原有风味或者增加食品鲜味的物质，又称鲜味剂。按其化学性质的不同可以分为氨基酸类增味剂（L-谷氨酸及其钠盐）、核苷酸类增味剂（5′-肌苷酸二钠、5′-鸟苷酸二钠）、有机酸类增味剂（琥珀酸及其钠盐），此外还有水解动物蛋白、水解植物蛋白、酵母提取物等。

1. 氨基酸类增味剂

氨基酸类增味剂主要指的是谷氨酸钠，谷氨酸钠有 L-型和 D-型两种构型，L-型谷氨酸钠具有鲜味，俗称味精（MSG），D-型的无鲜味。pH 值在 6～7 之间 L-谷氨酸钠鲜味最强，pH 3.2 处鲜味最低，因为其溶解度最低。

2. 核苷酸类增味剂

此类增味剂主要指肌苷酸和鸟苷酸的钠盐，包括 5′-鸟苷酸二钠（GMP）和 5′-肌苷酸二钠（IMP），常与味精配合使用，也可以混合制作新的增味剂，如 5′-呈味核苷酸二钠，这种增味剂是 GMP、IMP、5′-尿苷酸二钠和 5′-胞苷酸二钠的混合物，以 IMP 和 GMP 为主，两者的比例是 IMP：GMP＝1：1，能够起到增加肉类的原味、改善风味的作用。

（五）着色剂

食品用着色剂是以食品着色为主要目的的一类食品添加剂。在食品中加入着色剂，可以丰富食品的色泽，赋予食品视觉享受，提高食品感官价值，刺激食欲。食品中可用的着色剂包括天然着色剂和合成着色剂两大类，天然着色剂是以动、植物和微生物为原料提取的着色剂，这类着色剂具有色泽自然、无毒，使用范围和日允许摄入量比合成着色剂宽等优点，同时也具有成本高、稳定性差、易变质、着色力差、有异味等缺点；合成着色剂是以苯、甲苯、萘等化工原料产品为原料，经过磺化、硝化、卤化、偶氮化等一系列有机合成反应所制得的有机着色剂，具有着色力强、色泽鲜艳、不易褪色、稳定性好、易溶解、易着色、成本低廉等特点，但相比于天然着色剂，合成着色剂的安全问题一直是社会关注的焦点。

着色剂在使用时，需要注意以下问题：按需使用，尽可能降低使用量，不可超标、超范围使用。不直接使用色素粉末，需要配制成溶液后再使用；为了防止不溶物在食品中形成色斑、色点，溶液配好后需要进行过滤。一般现配现用，若需短暂贮存，应注意避光。配制色素溶液时，可采用玻璃、搪瓷、不锈钢等耐腐蚀的清洁容器具。一般小试后再放大使用。所使用的着色剂必须符合使用卫生标准。

此外，还应注意加工手段对着色剂色泽的影响，在混合使用色素时，注意环境对不同着色剂的影响。

在泡菜中可以使用的着色剂有辣椒红、柠檬黄及其铝色淀、姜黄、苋菜红、靛蓝及其铝色淀等，着色剂应根据生产需要选择，且需注意该着色剂的使用范围和在泡菜中的使用量。

1. 辣椒红和辣椒油树脂

辣椒红属于类胡萝卜素类着色剂，是从辣椒属植物的果实中提取并除去辣椒素得到的，其中主要的着色物质是辣椒红素。

辣椒红素呈深红色，状态呈黏稠状液体、膏状或粉末，不溶于水，能溶于油脂和乙醇；耐热性、耐酸性均好，耐光性稍差；着色力强。遇铁、铜等金属离子褪色，遇铅离子产生沉淀。pH 3～12 时颜色不变，可用于经高温处理的肉类食品的着色。

辣椒红可用于冷冻饮品、腌渍蔬菜、糖果、糕点等产品的着色，在腌渍蔬菜中，按生产需要适量添加。辣椒油树脂在腌渍蔬菜中，也按生产需要适量添加。

2. 苋菜红及其铝色淀

苋菜红又称杨梅红、食用红色 2 号、鸡冠紫红、蓝光酸性红，呈红褐色或紫色均匀粉末颗粒，是一种合成着色剂，易溶于水，微溶于乙醇，不溶于油脂，水溶液带紫色，耐光耐热性强；对柠檬酸、酒石酸稳定，遇碱变为暗红色；与铁、铜等金属接触易褪色。

苋菜红着色能力较弱，色素粉末有带黑倾向，对氧化还原作用敏感，因此，不适合发酵食品使用。苋菜红主要用于果汁（味）饮料、碳酸饮料、糖果等食品的着色，在腌渍类蔬菜中最大使用量为 0.05g/kg（以苋菜红计）。

3. 靛蓝及其铝色淀

靛蓝又称食品蓝、食用青色 2 号、食品蓝 1 号、酸性靛蓝、磺化靛蓝，为水溶性非偶氮类着色剂。靛蓝是一种合成食品着色剂，也是世界上使用最广泛的食用色素之一，为带铜色光泽的蓝色到暗青色颗粒或粉末，无臭，易溶于水，0.05%水溶液呈蓝色，能够溶于甘油、丙二醇，但难溶于乙醇、油脂。靛蓝不稳定，对光、热、酸、碱、氧化剂均很敏感，较不稳定，很少单独使用，多与其他着色剂配合使用。可用于蜜饯、凉果、腌渍类蔬菜、糕点上装彩、碳酸饮料等产品的着色，在腌渍类蔬菜中最大使用量为 0.01g/kg（以靛蓝计）。

4. 红曲米和红曲红

红曲米又称红曲、丹曲、赤曲、红米等，由丝状真菌——红曲霉发酵米饭而成，呈深紫红色粉末，略带异臭。红曲米中主要包括红、橙、黄三种颜色红曲色素成分，采用乙醇将红曲色素从红曲米或红曲霉发酵物提取、干燥后便得到红曲红。红曲米和红曲红可用于腐乳、香肠、酱油等生产中，目前主要在中国、日本、韩国和印度尼西亚等亚洲国家使用。

红曲米和红曲红是 GB 2760《食品添加剂使用卫生标准》中规定的由微生物代谢产生的天然可食用色素，作为着色剂，可以被用到调制乳、调味和果料发酵乳、冷冻饮品、腌渍蔬菜、果酱、腐乳、醋、糖果等 28 类食品中，仅风味发酵乳、糕点和焙烤食品馅料及表面用挂浆规定了 0.8~1.0g/kg 的最大使用量，其他各类食品均未规定最大使用量（按生产需要适量使用）。

5. β-胡萝卜素

β-胡萝卜素外观呈红紫色至暗红色结晶性粉末，略有特异臭味。β-胡萝卜素是一种脂溶性色素，可溶于丙酮、氯仿、石油醚、苯和植物油，不溶于水、丙二醇和甘油，难溶于甲醇和乙醇。

β-胡萝卜素是较好的维生素 A 原，在体内可以转化成维生素 A，此外，还具有良好的抗氧化能力，在抗癌，预防心血管疾病、白内障及抗氧化上有显著的功能，进而防止老化和衰老引起的多种退化性疾病。β-胡萝卜素可用于调味乳、水果罐头、腌渍蔬菜等食品着色，在腌渍蔬菜中最大使用量为 0.132g/kg。

6. 柠檬黄及其铝色淀

柠檬黄又称酒石黄、食用黄色 4 号等，是一种合成着色剂，呈橙黄至橙色粉末或颗粒。柠檬黄是最稳定的一种食品着色剂，易溶于水、甘油；微溶于乙醇，不溶于油脂；耐热、光、酸；在柠檬酸和酒石酸中稳定，遇碱变成微红色；还原时褪色。可用于果酱、风味发酵乳、腌渍蔬菜、果冻等产品的着色，在腌渍蔬菜中最大使用量为 0.1g/kg（以柠檬黄计）。

　　除以上着色剂外，亮蓝及其铝色淀（腌渍蔬菜中最大使用量为 0.025g/kg，以亮蓝计）、栀子黄（腌渍蔬菜中最大使用量为 1.5g/kg）、栀子蓝（腌渍蔬菜中最大使用量为 0.5g/kg）、姜黄（腌渍蔬菜中最大使用量为 0.01g/kg，以姜黄素计）、红花黄（腌渍蔬菜中最大使用量为 0.5g/kg）、胭脂红及其铝色淀（腌渍蔬菜中最大使用量为 0.05g/kg，以胭脂红计）均可用于腌渍蔬菜生产中，此外，葡萄糖酸亚铁作为护色剂在泡菜中使用，但仅用于腌渍的橄榄，最大使用量为 0.15g/kg（以铁计）。

第四章

泡菜生产

泡菜在我国有着悠久的历史，时代交替，中华民族伟大的智慧成就了各式各样的泡菜。我国很多地区都有制作泡菜的习惯，制作的原料和泡菜的味道或多或少都存在一定的差异，泡菜制作的方法也有所不同，尤其是当代，世界文化大融合，各地区频繁的交流，以及快速发展的科学技术，都在推动泡菜生产方法的变革，以增强企业市场竞争力。这一章我们将围绕泡菜传统生产方法和现代生产工艺介绍我国泡菜生产方法，同时对泡菜生产过程可能出现的问题、控制措施、泡菜质量评价方法和泡菜废水处理方法逐一进行介绍，希望对泡菜加工和管理者有一定的帮助。

第一节　泡菜加工工艺

在我国很多地区都有制作泡菜的习惯，四川泡菜是其中典型的代表。川渝地区有大量的泡菜生产企业和作坊，普通家庭也常制作泡菜，因条件限制，企业、作坊、家庭生产泡菜的工艺也有所不同，最常见的包括传统泡菜加工工艺和现代泡菜加工工艺。

一、传统泡菜加工工艺

传统泡菜加工工艺以家庭小作坊式制作为主，生产条件粗放，规模小，产量低，多以陶坛、玻璃坛等泡菜坛为加工器具，泡菜发酵完毕以后，以散装或不包装的形式销售，产品无杀菌过程。

（一）工艺流程

（二）关键操作

1. 原料选择

原料质量关系到泡菜品质高低，新鲜、无病虫害、成熟度适中、干物质含量高的蔬菜可用于制作泡菜。

2. 挑选、整理

去除蔬菜的根须、老筋、枯黄叶、老皮等不可食用部分。

3. 清洗、切分

使用生活饮用水清洗原料，并根据产品需要不切分或适当切分，一般可切成条状、片状、块状、丁状，然后清洗。带有泥沙的原料，可先清洗后再进行切分。清洗、切分后，需沥干水分，对于含水量较高的蔬菜，还可采用晾晒的方法脱除一部分水分，以利于后期腌制。

切分可以增大接触面积，促进蔬菜汁液的释放，加速蔬菜发酵过程，但是切分不是必需的步骤，可根据需要选择是否切分以及切分的形状。

4. 预泡或盐渍

预泡是采用一定浓度的食盐水（2%～10%）对蔬菜进行预泡渍，食盐水浓度高低与蔬菜品种有关，例如对于青菜头这类水分含量高、食盐易渗透的蔬菜来说，食盐浓度要低一些，而胡萝卜这种水分含量较低、质地较紧实的蔬菜需要用高浓度的食盐水进行预泡。不同蔬菜预泡时间也不完全相同，一般几个小时至几天不等。当蔬菜大量成熟时，为了延长其保存期，可使用15%的食盐水进行预泡，这样蔬菜的储藏期可延长至数月而不腐烂。通过这一环节，可以去除原料中多余的水分，更利用食盐高渗透压作用，抑制腐败微生物的生长，使腌渍顺利进行。

盐渍是采用层菜层盐的方法，对蔬菜进行腌渍，可以快速脱除蔬菜中的水分。盐渍蔬菜出池后，需要用生活饮用水清洗干净，以除去多余的盐分。盐渍也不是泡菜制作过程中的必需步骤，因地区、习惯而异。盐渍可通过以下途径促进发酵：

① 通过渗透作用，使蔬菜出水；

② 制造出高渗透压环境，减少腐败微生物的生长，使耐盐乳酸菌具有竞争优势，有利于发酵过程的启动和完成；

③ 抑制果胶酶活性，降低蔬菜中果胶水解速度，使蔬菜质地更加清脆，避免蔬菜变得过于软烂。

5. 装坛发酵

预泡或盐渍后的蔬菜经必需的处理后，便可以进入泡菜坛，进行发酵。此过程包括泡菜发酵盐水的准备、装坛、发酵和出坛等过程。

(1) 泡菜发酵盐水的准备　预处理的蔬菜在入坛发酵之前，需要准备泡渍用盐水和所需的辅料。泡菜泡渍用水有很多种类，以凉白开为例，将自来水烧开后冷却至室温，备用。与此同时，准备好所需的花椒、八角、生姜、大蒜等香辛料，以及白糖、红糖、料酒、白酒、醪糟等，固体的香辛料可用单层或双层纱布包裹后投放至泡菜坛中，也可直接置于泡菜坛中。泡菜水和辅料准备完毕，即可将蔬菜入坛发酵。

(2) 装坛　由于原料不同，蔬菜在装坛时主要分为干装坛法和盐水装坛法。干装坛法是先将预处理的蔬菜和香料装入坛中至八成满，而后用竹片或石块压紧，最后将泡菜水缓缓注入坛中，淹没原料，盖上坛盖；但是有些蔬菜密度较大，能自行沉入坛底，所以可以先把泡菜水注入坛中，然后放入蔬菜，这便是盐水装坛法。辣椒、青菜等密度较小，需要使用干装坛法装坛，而胡萝卜、莴苣等则可采用盐水装坛法装坛。蔬菜入坛发酵时，切忌装填过满，以免发酵时泡菜水外溢，造成污染，一般加入盐水后，盐水液面距离坛口 2～5cm。值得注意的是，无论使用哪种装坛方法，都必须保证所有的蔬菜都浸泡于泡菜水面以下，以保证后期乳酸菌的厌氧发酵可以顺利进行。

(3) 发酵　泡菜装坛后，盖上坛盖。在坛子岩口加入清水或食盐水，俗称"坛沿水"，用来隔绝空气，保证坛内厌氧环境。在泡菜发酵过程中，若出现坛岩水因蒸发缺少或浑浊污染等现象，应及时补充或更换新水，为保证卫生，也可定期更换坛岩水。

厌氧发酵是泡菜制作成功的关键，因此，在泡菜发酵过程中，应密切关注泡菜变化。发酵过程中，会有轻微声响，出现间隔性冒泡的现象，这是由于在泡菜发酵早期，肠膜明串珠菌迅速繁殖，由于其进行异型乳酸发酵，产生了 CO_2，CO_2 不断溢出带来了冒泡的现象。但是，若出现连续急促冒泡，且声响较大，则可能是盐水受到污染，腐败微生物大量繁殖所致。此外，开坛检查时，正常发酵过程中，泡菜气味不冲鼻，泡菜水清亮，蔬菜色泽正常，反之，出现冲鼻、泡菜水浑浊、蔬菜明显变色等现象都是泡菜发酵过程受到污染的典型特征；泡菜水表面出现霉斑、生花、蛆虫等也是泡菜发酵过程出现问题的表现。倘若以上现象不严重，可以通过加入1％白酒、撇去白膜、提高食盐浓度等方法改善，若出现不良气味，可敞开坛口一段时间，以除去恶臭味，还可以加入抑菌能力强的香辛料、大蒜、洋葱、紫苏等蔬菜，抑制有害微生物的生长。但是，污染严重的泡菜应及时舍去，并对泡菜坛进行杀菌，以备下次腌制使用。

也有人使用玻璃坛腌制泡菜，此时需要关注坛内压力的变化。泡菜发酵过程在密封的玻璃坛中进行，发酵过程释放的CO_2会导致泡菜坛压力增高，进一步可能导致发酵液沿着灌口纹路流出，造成污染，坛盖也可能因过高的压力而变形，甚至出现坛子爆炸的现象，CO_2主要是发酵前期产生，因此，在发酵前几天，每天需要适当开盖释放CO_2，降低坛内压力，之后虽然CO_2也会产生，但是产生速度明显降低。

此外，泡菜发酵过程，切忌混入生水、油污，捞取泡菜的竹筷、勺子等应干净、无油污，以免造成生蛆等现象。在一批泡菜发酵过程中，不适合补充新鲜蔬菜，否则可能出现新补充的蔬菜刚有"泡菜味"，而上一批泡菜已经出现软烂的现象。

（4）出坛 泡菜发酵时间因蔬菜种类、发酵环境温度、食盐水浓度等不同存在一定的差异，一般在发酵过程中可结合不同泡菜特有的感官品质，通过感官评价确定发酵时间长短。此外，还可结合酸度的检测确定发酵时间。有的人喜欢吃清脆的泡菜，则发酵时间可以短一些，有的人喜欢吃发酵成熟的泡菜，那么发酵时间可以长一些，川渝地区有名的"洗澡泡菜"腌制时间较短，一般几小时至一两天不等，这样的泡菜风味温和、口感清脆，受到很多人的青睐。较高的温度下发酵速度明显加快，发酵时间也应缩短。发酵结束以后，泡菜应及时食用，或将其放置在低温凉爽的环境中贮存，否则发酵过程持续进行，加速蔬菜软烂，使其口感变差，贮存期变短。

二、现代泡菜加工工艺

现代泡菜加工工艺指的是在传统泡菜的基础上，利用现代食品加工设备、包装和杀菌技术等生产泡菜的过程，包括方便泡菜、直投菌发酵泡菜等。与传统泡菜加工工艺相比，现代泡菜加工工艺自动化程度高，生产规模大，更加卫生，结合杀菌处理，泡菜的储藏期更长。

（一）工艺流程

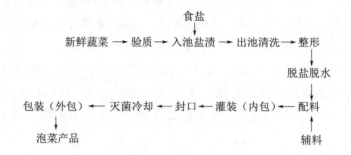

（二）关键操作

1. 入池盐渍

现代泡菜加工工艺蔬菜选择和处理方式与传统泡菜加工工艺类似，蔬菜经过处理后即可进行发酵（盐渍）。与作坊式生产不同，现代泡菜生产规模较大，一般采用大型陶坛或盐渍池腌制泡菜，在使用盐渍池腌制时，将蔬菜倒入池中，入池时采用层盐层菜的方法。在蔬菜装满盐渍池时，还需撒入一层面盐，然后加入石头等重物，将蔬菜压入盐渍水中进行发酵。这种发酵条件下，发酵体系表面和氧气会充分接触，可能导致产膜酵母菌的大量繁殖，加重发酵过程控制负担。"水封法"和"沙封法"能有效防止盐渍水生膜，操作方法大致是：蔬菜入池后加入石块等重物将蔬菜压入盐渍水中，在表面覆盖 2 层食品级 PE 膜，然后在膜上加入水或沙子，使发酵体系与氧气隔绝，造成厌氧的发酵环境。

在盐渍过程中，应定时监测蔬菜颜色、气味等变化，并定期测定食盐浓度、总酸含量、pH 值等指标，确定其变化情况，以便及时采取相应的措施进行控制。

2. 整形和脱盐脱水

发酵结束后，将蔬菜进行整理、切分，并剔除老筋老皮等不可食用和变色的部分，以保证产品质量。然后采用流水或机械（鼓气泡）的方法脱盐，脱盐用水量一般为菜的 1～3 倍；脱盐后可采用离心或压榨脱水。

3. 配料

脱盐脱水后，需根据产品特点拌入配料，制作不同风味的泡菜。常用的配料有辣椒油、食用植物油、白砂糖、味精、食醋以及各种香精、防腐剂等食品添加剂。辅料添加种类和比例直接影响泡菜产品的色、香、味，也决定泡菜产品种类。

4. 灌装（内包）、封口和灭菌冷却

灌装（内包）环节是内包装灌装过程，指的是袋装或瓶装，计量灌装，灌装后需真空封口。然后，采用巴氏杀菌技术对泡菜进行杀菌。杀菌条件需根据产品的重量进行确定，例如，50～200g 片状泡笋子采用 80～85℃杀菌 15～25min，短杆状豇豆采用 90～95℃杀菌 20～25min。杀菌结束后需立即冷却至室温，并除去包装袋或瓶表面的水分，瓶装产品可采用强力热风吹干，袋装产品一般采用冷风抖动除水。

三、其他加工工艺

通常，泡菜的制作采用自然发酵的方式完成，发酵微生物来自发酵容器和原辅料，不同的蔬菜和发酵条件均会影响发酵过程和产品的最终品质。自然发酵具有发酵过程不易控制、发酵周期长等特点，为了适应规模化生产需求，直投式发酵剂应运而生。

泡菜发酵所用的直投式发酵剂属于乳酸菌发酵剂，乳酸菌发酵剂种类繁多，可用于乳类、肉类、水果、蔬菜等食品原料的发酵，在乳酸菌发酵作用下，形成了具有一定酸度、滋味、气味或质地等特点的发酵食品。乳酸菌发酵剂按照菌种类型和菌种数可分为单菌株乳酸菌（只含有一种明确菌株的乳酸菌产品）、单菌种多菌株乳酸菌（含一株以上属于同一种的乳酸菌产品）和多菌种乳酸菌（含有一种以上乳酸菌产品）；按照使用温度又可分为嗜温乳酸菌（使用温度为 18～37℃）和嗜热乳酸菌（使用温度为 30～45℃）；按照状态又可分为液态产品、冷冻乳酸菌产品、粉末状产品（冷冻干燥或喷雾干燥得到）。QB/T 4575《食品加工用乳酸菌》对乳酸菌发酵剂产品的感官质量、理化指标（产酸活力、发酵酸度）、乳酸菌活菌数、卫生指标（微生物方面）及相应指标的检测方法进行了详细的规定。

泡菜直投式发酵剂所含微生物主要是肠膜明串珠菌、植物乳杆菌等来自泡菜发酵过程的乳酸菌，首先采用微生物分离技术将泡菜发酵过程中的乳酸菌分离出来，结合测序等手段对乳酸菌种类进行鉴定，然后通过培养制得高浓度的菌悬液，最后通过冷冻干燥或喷雾干燥的方法得到乳酸菌菌粉，也可以制备含有单一或多种乳酸菌菌液，乳酸菌菌粉和菌液可直接用于泡菜发酵，这两种都属于直投式发酵剂。QB/T 4575 中规定乳酸菌发酵剂产品中乳酸菌活菌数应≥10^8CFU/g（或 CFU/mL），乳酸菌浓度可按照 GB 4789.35《食品微生物学检验　乳酸菌检验》进行测定。

直投式发酵剂的使用，使得发酵前期乳酸菌含量大大提高，并快速成为发酵体系中的优势微生物，这样能够抑制腐败微生物的生长，并且能够快速产生大量的乳酸，使发酵液 pH 值快速降低，缩短发酵过程（发酵过程一般 48～72h）。相比于传统发酵，此发酵方法受环境影响较小，更容易控制，因此也更适合企业大规模标准化的生产。直投式发酵剂生产一般采用低盐发酵，食盐浓度一般在 2%～4%，发酵温度控制在 25～30℃为宜，当泡菜总酸达到 0.3%，pH 值降低至 4.0 左右即可终止发酵。

第二节 泡菜生产过程常见问题及控制措施

泡菜生产的原料、工艺、加工条件等都会影响泡菜品质，特别是生产过程控制不当，很容易导致泡菜腌制失败，泡菜腌制过程中常见的品质问题有褪色、质地变软、亚硝酸盐超标、生花、长霉等，接下来，围绕以上问题出现的原因进行分析，并提出了一些生产中可行的办法，以应对相应的问题。

一、色泽变化原因及护色方法

（一）蔬菜的颜色

蔬菜种类繁多，从颜色上看，有绿色蔬菜、橘色蔬菜、白色蔬菜、紫色蔬菜等，蔬菜中的色素类物质主要由叶绿素、类胡萝卜素和多酚类物质构成，不同物质性质不同，其稳定性影响因素也不同，蔬菜腌制过程中，盐、酸、内源酶、微生物的生命活动等均会对蔬菜颜色造成影响，进而影响泡菜成品的质量。

绿叶蔬菜中主要的呈色物质是叶绿素，此外还有叶黄素、β-胡萝卜素等，因叶绿素含量高，颜色鲜艳，新鲜的蔬菜往往呈现绿色，蔬菜衰老后，其中的叶绿素降解，绿色消失，其他色素的颜色才能显现出来。

胡萝卜、红辣椒等蔬菜中含有的色素物质主要是类胡萝卜素。类胡萝卜素由 8 个异戊二烯单位组成，这是一类脂溶性色素，热稳定性较叶绿素好，但易发生氧化而褪色，亚硫酸盐或金属离子的存在将加速类胡萝卜素的氧化，热、酸或光的作用下也很容易发生异构化。

紫甘蓝等蔬菜中的色素成分是花色苷，花色苷是多酚类化合物中的一种，由花青素和糖基连接而成。在花青素上可连接数个羟基（—OH）或甲氧基（—OCH$_3$），连接的基团数量和种类不同，颜色也存在差异，花青素在不同 pH 值下也可能呈现不同的颜色。

（二）泡菜色泽变化原因

1. 叶绿素降解

新鲜的绿叶中，叶绿素存在于叶绿体中，以与蛋白质形成的复合物形式存在，该复合物稳定性好，见光不易分解。当蔬菜衰老后，叶绿素会从蛋白质上游离下来，游离的叶绿素稳定性较差，易受酸、热、光等因素的影响而褪色。

不同的加工方法和贮藏条件也会导致叶绿素褪色，叶绿素对光不稳定，光照下更容易褪色。叶绿素对碱稳定，但是对酸不稳定，泡菜主要通过乳酸菌发酵而成，乳酸菌产生乳酸使发酵体系 pH 值降低，从而使蔬菜颜色发生变化。

2. 褐变反应

褐变反应是果蔬采收、原料加工等过程中常见的现象，褐变反应导致食品物料出现褐色。根据反应机理，褐变反应分为酶促褐变和非酶促褐变。酶促褐变是指在氧气存在时，多酚氧化酶催化食品组织中的多酚化合物转化成醌，醌再进一步转化为黑色素（褐色色素），例如，蛋白质的水解产物酪氨酸在多酚氧化酶的作用下也会发生酶促褐变反应，这也是酱油褐色产生的原因之一。

很多果蔬会发生酶促褐变，切开的苹果、土豆，放置一段时间后变褐，都是发生了酶促褐变反应。不过，一般完整的果蔬组织不会发生酶促褐变，因为多酚氧化酶和多酚化合物存在于细胞不同的位置。果蔬一旦破碎，组织会迅速发生酶促褐变反应，产生褐色色素。苹果、香蕉、莲藕、土豆、茄子、洋姜等果蔬都易发生酶促褐变。不同果蔬中所含的多酚氧化酶和多酚化合物不同，褐变程度也有所差异。不是所有的果蔬都会发生酶促褐变，萝卜、黄瓜等蔬菜中没有多酚类底物，所以不会发生酶促褐变反应。

非酶促褐变反应的发生不需要酶的催化作用，常见的有美拉德反应和焦糖化反应，抗坏血酸氧化褐变也属于非酶促褐变的一种。在蔬菜腌制时，可能发生的非酶促褐变常见于美拉德反应，美拉德反应属于羰氨反应，即蛋白质、多肽或氨基酸的氨基与葡萄糖等还原糖的羰基反应，然后再经过一系列复杂的反应生成类黑精等褐色色素，在这个过程中还会伴随吡嗪类化合物、糠醛等风味物质的产生。

3. 其他

果蔬中的色素成分是花青素（苷），这类色素受光、热、pH 值、酶等因素的影响，例如，在 H^+ 溶液中，花青素的呈色效果好；OH^- 条件下，花青素转变成开环的查尔酮型，颜色变浅；加热有利于生成查尔酮型，颜色褪去；Sn^{2+}、Al^{3+} 使其颜色加深，而 Fe^{n+} 使其颜色变浅。

在家庭腌制泡菜的过程中，一般采用多种蔬菜混合泡制，有的蔬菜颜色鲜艳，色素易溶解在水中，这样会使颜色较浅的蔬菜染上颜色，例如，把胭脂萝卜和白萝卜一起腌制，白萝卜会被染上红色。此外，在泡菜加工过程中，着色剂也是常添加的成分，这些着色剂也可能使泡菜颜色发生改变。

（三）泡菜护色方法

不同蔬菜颜色发生变化原因不同，需要进行区别，选择合适的护色方法。

1. 开水漂烫

叶绿素酶等会导致叶绿素降解，蔬菜腌制前，开水短暂漂烫可以抑制酶活，防止叶绿素被降解。开水漂烫也可以钝化多酚氧化酶活性，抑制酶促褐变。

2. 碱水浸泡

叶绿素在碱性环境中更加稳定，因此蔬菜腌制前采用碱水例如石灰水浸泡一下，中和体系中的 H^+，能够提高叶绿素的稳定性。

3. 重盐腌制

青辣椒、豇豆、黄瓜等叶绿素含量较多的蔬菜在腌制时，可以提高食盐用量，当食盐浓度达到 15%～25% 时，可以有效地护色。

4. 温度控制

蔬菜腌制过程中，微生物生长释放热量，导致发酵体系温度升高，叶绿素在高温下不稳定，蔬菜可能出现发黄、变黑的现象，因此在腌制过程中，还要注意及时翻缸倒菜，释放体系中多余的热量。

5. 加入护色剂

目前市场上有很多复合的护色剂，同时起到护色、保脆的目的。通常护色剂包括：醋酸锌、硫酸铜、氯化钙、柠檬酸、EDTA、植酸等。

6. 腌制环境控制

泡菜腌制过程中，除了需要干净卫生的环境外，还要注意蔬菜的隔氧、避光。空气与蔬菜接触，不利于发酵过程的进行，同时也容易造成叶绿素降解。光照的情况下，叶绿素更不稳定。

7. pH 值控制

对于莲藕这类蔬菜，变色主要是酶促褐变反应导致的，可通过控制 pH 值进行色泽改善，将 pH 值控制在 3.5～4.5，可以有效钝化多酚氧化酶酶活，抑制酶促褐变反应发生。碱性条件下更有利于美拉德反应发生，低 pH 值对美拉德反应引起的褐变也有一定抑制作用。

8. 加入着色剂

着色剂是食品加工中添加的，用于保持食品色泽良好的食品添加剂。在使用的时候，要注意着色剂的使用范围、最大添加量、使用方法，以及加工手段对其颜色稳定性的影响，因此，在选择着色剂时，需要按照 GB 2760 中相应的规定，确定该着色剂能否用于泡菜生产。

二、质地变化原因及保脆措施

（一）果蔬质地形成原因

果胶广泛分布于植物体内，是维持果蔬质地的主要成分。植物体内的果胶一般有 3 种形式，即原果胶、果胶和果胶酸，三者结构类似，但是性质有很大差异，尤其是水溶性不同，果蔬成熟过程中，在各种果胶水解酶的作用下，不同种类果胶的转化使果蔬质地发生显著的变化。原果胶是几乎完全甲酯化的果胶，并与纤维素和半纤维素连接在一起，不溶于水，主要存在于未成熟的果蔬中，它使果实或蔬菜维持较硬的质地。随着果蔬的成熟，原果胶在原果胶酶和果胶甲酯酶（即果胶酶，又叫果胶酯酶、果胶甲氧基酶、果胶脱甲氧基酶）的作用下逐步水解甲酯基变成果胶酯酸（即果胶）和果胶酸，然后在多聚半乳糖醛酸酶作用下部分降解为 D-半乳糖醛酸单元。果胶酯酸是部分甲酯化的果胶，按照聚合度和甲酯化程度不同，又可以分为胶体形式的果胶和水溶性的果胶，水溶性果胶又称为低甲氧基果胶。果胶酸是完全去甲酯基的果胶，主要存在于成熟的果蔬中，能溶于水，因此果实成熟以后，质地变软。

（二）泡菜质地变化原因

泡菜的质地直接影响其感官品质，质地脆嫩是衡量泡菜质量指标之一。果蔬在腌制过程中，可能出现变软的现象，这主要是由于蔬菜中与果胶水解有关的酶将原果胶水解成果胶、果胶酸，进而使蔬菜不再清脆。腌制过程中，卫生条件控制不当，腐败微生物大量繁殖，也会导致蔬菜变软。此外，蔬菜种类不同，所制得的泡菜质地也不同，胡萝卜等质地紧实、含水量低的蔬菜，腌制后也可以保持较脆的质地，而含水量高的蔬菜如西葫芦和黄瓜在腌制过程中更加容易出现变软的现象。

（三）泡菜质地保脆措施

为了在腌制过程中维持蔬菜良好的质地，通常可以从原料选择、加入保脆剂等角度处理。

1. 原料选择

用于制作泡菜的原料很多，成熟度过高或过低均不好，成熟度过高，蔬菜纤维化程度高、口感差，成熟度过低，水分含量过多，组织成分尚未完全形成，因此腌制泡菜的蔬菜成熟度要适中。此外，通常选择新鲜的蔬菜腌制泡菜。

2. 添加高盐

蔬菜在腌制过程中，自身含有的果胶水解酶可以催化原果胶水解，使蔬菜质地变软，添加高浓度的食盐（15%以上）可以有效抑制这些酶的作用，防止蔬菜质地被破坏，同时，高浓度的食盐环境还可以抑制腐败微生物的生长。

3. 添加保脆剂

果胶酸在钙离子、铝离子的作用下可以发生交联作用，形成凝胶，进而增加泡菜的脆度，因此，在泡菜腌制前可以将蔬菜放在氯化钙、乳酸钙、柠檬酸钙、明矾等溶液中短暂浸泡。明矾不适用于绿叶蔬菜保脆处理，因为其酸性可能导致绿叶菜中的叶绿素降解变色。

4. 低温贮藏

较低的贮藏温度（0~10℃）能有效抑制果胶水解相关酶的活性，从而起到延缓泡菜脆度变化的作用。

以上是泡菜保脆的一些措施，值得注意的是，如果腌制时间太长，几乎所有泡菜都会出现变软失脆的现象，所以需要控制泡菜腌制的时间长短。

三、亚硝酸盐控制措施

亚硝酸盐是泡菜发酵过程中产生的一种致癌物质，也是泡菜安全性不断被提及的主要原因。泡菜中亚硝酸盐含量受多种因素影响，如原料、发酵工艺、发酵时间等。亚硝酸盐在泡菜发酵过程中不断变化，一般呈现先升高后降低、最后趋于稳定的趋势。有研究显示，泡菜中的乳酸菌和一些有机酸对亚硝酸盐的降解能起到积极的作用，因此，采用泡菜发酵剂或降解亚硝酸盐能力强的乳酸菌发酵泡菜能够显著降低亚硝酸盐的水平。老盐水中含有大量的乳酸菌，发酵液 pH 值也较低，采用老盐水发酵蔬菜的过程，其亚硝酸盐含量整体处于较低的水平。

实际上，发酵两周以后，亚硝酸盐含量基本降低至极低的水平，并趋于稳定，稳定值低于 5mg/kg。WHO/FAO 规定亚硝酸根离子的 ADI 值（日容许摄入量）为 1kg 体重 0.07mg，按 60kg 的体重算，每人每天的亚硝酸根离子最大摄入量在 4.2mg，对应高于 800g 的泡菜量，而我国泡菜的日食用量不超过 50g，因此，对于发酵成熟的泡菜而言，以亚硝酸盐评价泡菜安全问题实际上是没有意义的。

四、生花原因及控制措施

"生花"是泡菜发酵过程中常出现的现象,这种现象其实是产膜酵母菌大量繁殖导致,一方面影响产品外观,另一方面会影响产品品质。一般泡菜腌制过程中碰到生水、油脂或密封不严均可能导致泡菜生花,及时撇去表面的白膜,加入少量白酒,此症状可以得到明显改善。

五、长霉原因及控制措施

泡菜制作的关键是蔬菜完全浸泡在发酵液中,以达到隔绝氧气的目的,因为氧气存在时,不但不利于乳酸菌产酸,而且更有利于霉菌和酵母菌的生长。采用发酵池腌制泡菜时,在没有加盖的情况下,发酵液表面会接触大量的空气,在气-液界面会长出大量微生物,霉菌便是其中主要的一种,霉菌会分解果胶,导致蔬菜质地变软,还能分解乳酸,使发酵液酸度降低,缩短泡菜贮藏期,因此,要抑制泡菜中霉菌的生长。霉菌大量繁殖时在发酵液表面会形成一层白色的薄膜,这种情况下,需将霉菌菌丝全部捞出,长霉的蔬菜也应除去,之后可继续进行发酵,倘若未及时清理,霉菌会进一步往发酵物中渗透生长,发酵蔬菜也会出现霉味,造成发酵失败,因此一旦污染了霉菌,应及时清除干净。

第三节 泡菜生产中废弃物处理

泡菜是我国居民生活中不可缺少的调味品,需求量日益增加,泡菜企业生产规模和产量也在不断扩大和提高。泡菜生产过程产生的废弃物种类较少,除剔除的蔬菜老皮老根等外,主要是废水的排放。

一、废水的来源、成分和管理

泡菜废水主要来自蔬菜清洗、脱盐、腌渍和车间清洗等环节,据统计,我国泡菜年产量约为 $2×10^6$ t,按照每吨泡菜成品产生 7.74t 废水计算,泡菜年废水量约为 $1.5×10^7$ t。泡菜生产中的废水具有高盐(NaCl 含量 2%~17%)、高有机物[化学需氧量(COD)为 1000~5000mg/L、氨氮(NH₃-N)为 300mg/L]、低 pH 值(pH 值为 3.5~5.5)、高悬浊物(SS 为 500~1200mg/L)、有颜色(色泽多为淡黄色)等特点,直接排放可能会引起水体富营养化,影响鱼类生长繁殖,使土壤盐碱化,还会污染地表水和地下水资源,对环境造成严重污染。然而,我国还没有发布关于蔬菜腌制生产过程污染物排放的标准,在《四川泡菜生产规范》（DB51/T 1069—2010）要求泡菜生产过程产生的废水排放需达到《污水综合排放标准》（GB 8978），但是使用 GB 8978 管理泡菜废水排放，尚存在一定的缺陷，例如未对泡菜废水重要的环境污染物之一——氯化物含量作出规定，难以达到绿色生产的要求，因此需要更全面的泡菜废水管理标准。2020 年，生态环境厅在成都召开了《四川省泡菜行业水污染物排放标准（初稿）》专题研讨会，基于泡菜企业清洁生产工艺、污染治理工艺、对环境影响等方面的综合考虑，针对泡菜废水，制定科学合理的各项指标排放限值，并发布了征求意见稿。在意见稿中，列出了泡菜企业废水排放标准，对泡菜废水的 pH 值、色度、SS、BOD_5（五日生物需氧量）、COD_{Cr}、NH_3-N、TN（总氮含量）、氯化物（以 Cl^- 计）等做了详细的规定，拟于 2023 年 1 月 1 日起执行，该标准的使用对于规范泡菜企业污水治理将起到积极作用。

二、泡菜废水的处理方法

泡菜废水清洁排放的前提是废水中污染成分的降低，对于泡菜废水而言，主要从悬浮物、pH 值、有机物含量、磷含量、氯化物含量等方面着手处理，部分企业会通过注入新鲜水稀释以后进行排放，但是会增大生产成本，造成水资源浪费，也没有从根本上降低废水中相应指标的含量。针对泡菜废水污染成分，目前可采用生物技术和物理化学方法进行处理。

（一）生物技术

生物技术是指利用微生物的代谢作用降解废水中的有机物和氮、磷，在泡菜废水处理中普遍使用的微生物为嗜盐菌，或采用高盐的驯化活性污泥。由于微生物生长容易受到环境影响，高盐条件会抑制其生长，降低成分代谢速率，导致出水水质不稳定，因此，建立稳定的生物系统是该方法的关键点和难点。

（二）物理化学方法

生物技术无法有效降低泡菜废水中食盐含量，所以通常需要配合其他物理化学方法使用。常用的物理化学方法包括混凝法、蒸发浓缩、电渗析、膜分离技术等方法，主要可用于脱除泡菜废水中的有机物和盐离子，以达到废水排放要求。

1. 混凝法

混凝法主要用于废水的预处理，可有效去除其中悬浮的颗粒及部分有机物，因废水的 pH 值、悬浮物性质和废水水质状况等不同，采用的絮凝剂也不相同，常用的絮凝剂包括无机絮凝剂、高分子絮凝剂和复合絮凝剂。无机絮凝剂包括聚合氯化铝铁（PAFC）、氯化铁、氯化钙、硫酸铁、硫酸亚铁、聚合氯化铝

（PAC）等，这些絮凝剂反应速度快，沉降快，在脱色、去 COD 和 SS 等方面表现突出。采用混凝法处理蔬菜腌制废水技术的研究也比较多，例如刘江国等（2011）以 CaO 作为混凝剂，聚丙烯酰胺（PAM）为助凝剂，使榨菜废水中的 COD、总磷（TP）和浊度分别去除约 36％、52％和 97％；杨红梅等（2017）以 PAC 为絮凝剂，PAM 为助凝剂，使泡菜废水的 COD 和浊度的去除率分别达到 37.7％和 96.7％；还有研究者采用氯化铁和 PAM 处理饮料废水，其 COD、SS 和 TP 的去除率分别达到 91％、97％和 99％。

2. 蒸发浓缩

蒸发浓缩包括自然蒸发、多效蒸发等方法。自然蒸发一般适用于废水量较少的作坊式生产中，这种方法成本低廉，操作灵活，但是得到的浓缩物杂质较多，难以重新用于生产，效率也较低；多效蒸发是利用一组连续的密闭腔室进行多级蒸发的技术，每一级都比前一级压力更低，因此，腔室内沸点也逐级降低，每一级蒸发的蒸汽还可以用于下一级腔室的加热，节省了生产成本，更加经济。丁文军等（2010）采用三效蒸发浓缩设备将盐渍废水浓缩至饱和状态，再结合结晶等工序回收食盐，得到的食盐可重新用于泡菜的腌制。

3. 电渗析

电渗析主要用于脱盐的技术，在海水淡化领域使用比较普遍，电渗析器中交替排列着许多阳膜和阴膜，分隔成小水室，废水通过这些小室时，阳膜只允许阳离子通过，阴膜只允许阴离子通过，从而达到分离和浓缩的目的。利用此技术处理梅干菜腌制废水，其中食盐去除率可以达到 88％。

4. 膜分离技术

膜分离技术是利用具有选择透过性的膜（半透膜），对盐含量较高的废水施加更大的压力，使水分子透过半透膜从高浓度溶液向低浓度溶液迁移，从而达到浓缩溶质的目的。根据分离粒径的大小，膜分离技术又可以细分为微滤法、超滤法、纳滤法和反渗透技术等，与吸附、蒸馏等技术相比，膜分离技术具有操作简单、能耗低、分离条件温和等优点，但是耐溶剂能力有限，膜面易污染、堵塞，通常需结合其他方法使用。有研究表明，采用反渗透技术可以使泡菜废水的 COD、NH_3-N、盐分、色度分别去除 98％、93.2％、97.5％、100％，迁移出的水可以用于泡菜的再生产。

（三）生物-物化相结合的废水处理方法

为了得到更好的处理效果，一般会采用生物-物化相结合的处理方法，一般流程为废水预处理（调节 pH 值、混凝沉淀等）、生物处理（厌氧、好氧）、物化处理（反渗透、电渗析）。四川泡菜企业多采用厌氧与好氧结合的生化处理方法，部分企业还设置植物氧化塘，例如厌氧反应器＋SBR＋水生植物塘；杨红梅等（2020）采用分质预处理-综合生化处理-膜浓缩-MVR蒸发工艺，使泡菜废水的含盐量、COD、氨氮和总磷均降低至《城市污水再生利用 工业用水水质》（GB/T 19923—2005）规定的水质标准，处理后的水可重新作为清洗水使用，实现废水的零排放；杨海亮等（2019）采用隔油、调节池＋UASB＋氧化沟＋二沉池＋三沉池＋精密过滤器处理泡菜废水，其COD、NH_3-N、TN和TP的去除率分别达99％、99％、96％和99％，达到相关标准规定的排放标准。

为了响应国家绿色生产、节能减排的号召，泡菜生产废水处理技术也在不断地更新，除了提高其洁净度，达到排放标准外，还有众多的研究围绕泡菜废水或食盐重利用、废水零排放开展。除了后期处理的方法，对泡菜加工工艺进行改进也有利于降低泡菜废水的污染。为了优化泡菜加工工艺，近年来涌现出很多泡菜加工新技术方面的研究。曹东（2017）采用70℃干燥脱水代替盐渍脱水以降低高盐废水量，同时配合正反压技术（正压12MPa，真空度－0.08kPa，处理15min），对泡菜生产工艺进行改进，用于新型泡菜的生产；李洁芝等（2014）采用蔬菜预处理和低盐高酸技术显著降低盐渍过程中的用盐量，使得盐量降低约50％，不但节省了生产成本，还可以降低泡菜废水中氯化物含量，有利于泡菜绿色生产。

除了泡菜废水的处理以外，泡菜生产中还存在少量的废料，这些废料主要是富含纤维素、质地粗糙的老根、老皮等，这些边角料经过切分、浸泡和再加工等程序可以用来制作调味品、饲料等。

第五章

泡菜质量标准及相关指标检测方法

酱腌菜是我国人民餐桌上一道重要的菜品，消费量与日俱增，酱腌菜市场也欣欣向荣。我国颁布了 SB/T 10439《酱腌菜》、GB/T 5009.54《酱腌菜卫生标准的分析方法》、DB51/T 1069《四川泡菜生产规范》、SN/T 1953《进出口腌制蔬菜检验规程》等一系列国家、地方和行业标准，用于衡量酱腌菜感官品质和安全品质，规范企业生产过程，使我国腌渍类蔬菜市场环境更加令人放心、有序。泡菜在酱腌菜中占有举足轻重的地位，市场占有份额高达约 45%，并且成为川渝等地区特色产品，相关企业也是重要的地区经济支柱，本章将详细介绍泡菜质量标准和常规指标的检测方法。

第一节　泡菜质量标准

泡菜具有色、香、味兼备的特点，原辅料和腌制工艺直接影响泡菜品质，泡菜品质一般从感官品质、理化指标和食品安全指标方面进行综合评价。我国泡菜可参照酱腌菜相关标准执行，但也有一些专门针对泡菜产品的标准，例如，在 2009 年发布了 SN/T 2303《进出口泡菜检验规程》，2012 年发布了 SB/T 10756《泡菜》，2021 年发布了 DBS50/020—2021《食品安全地方标准　泡菜类调料》。SN/T 2303《进出口泡菜检验规程》主要是针对泡菜进出口颁布的行业标准，检测项目和检测方法与 SB/T 10756《泡菜》也有部分不同，因其特殊性，在此不做介绍；DBS50/020—2021《食品安全地方标准　泡菜类调料》规定了以泡菜、食用油、香辛料等为原料加工而成的非即食与包装泡菜类调料的感官、理化和安全指标，于 2022 年 5 月 1 日起实施，此标准主要用于规范泡菜再加工产品的质量，替代了老鸭汤调料和酸菜鱼调料相关食品安全地方标准。SB/T 10756—2012《泡菜》对于泡菜的质量指标和相关指标检测方法做了详细的规定，此外还有一些地方性和企业标准。下面基于这些标准介绍泡菜的质量指标。

一、感官品质指标

泡菜的感官品质主要从色泽、香气、滋味和体态四个方面进行评价，具体感官要求见表 5-1。

表 5-1 泡菜感官要求

项目	指标
	SB/T 10756—2012《泡菜》
色泽	具有泡菜应有的色泽，有光泽
香气	具有泡菜应有的香气，无不良气味
滋味	具有泡菜应有的滋味，无异味
体态	具有泡菜应有的形态、质地，无可见杂质

二、理化指标

泡菜的理化指标从固形物、食盐和总酸含量等角度评价，SB/T 10756—2012《泡菜》中理化指标仅包括固形物含量、食盐和总酸含量（表 5-2），重金属和亚硝酸盐列入食品安全指标项。此外，对韩式、日式泡菜理化指标进行了规定。

表 5-2 SB/T 10756—2012《泡菜》中的理化指标

项目		指标		
		中式泡菜	韩式泡菜	日式泡菜
固形物/(g/100g)	≥	50		
食盐(以氯化钠计)/(g/100g)	≤	15.0	4.0	5.0
总酸(以乳酸计)/(g/100g)	≤	1.5		

三、食品安全指标

SB/T 10756—2012《泡菜》中规定，泡菜应符合相应的食品安全国家标准，未具体罗列相应的食品安全指标项。而在 GB 2714—2015《食品安全国家标准酱腌菜》中规定酱腌菜食品安全指标包括污染物限量、微生物限量及食品添加剂限量等，污染物限量包括铅、亚硝酸盐等，按照 GB 2762 规定执行，具体符合表 5-3 规定；微生物限量中致病菌（参照 GB 29921 规定执行）和大肠菌群应符合表 5-4 规定；食品添加剂的使用应符合 GB 2760 中腌渍蔬菜或发酵蔬菜制品的规定。

表 5-3　腌渍蔬菜中污染物限量

污染物类别	限量/(mg/kg)
铅(以 Pb 计)	1.0
亚硝酸盐(以 NaNO$_2$ 计)	20

表 5-4　微生物限量

项目	采样方案[①]及限量			
	N	c	m	M
大肠菌群[②]/(CFU/g)	5	2	10	10^3
沙门氏菌	5	0	0	—
金黄色葡萄球菌	5	1	100CFU/g(mL)	1000CFU/g(mL)

①不适用于非灭菌发酵型产品。
②大肠菌群检测中样品的采样和处理按 GB 4789.1 执行。
注：1. N 为同一批次产品应采集的样品件数；
2. c 为最大可允许超出 m 值的样品数；
3. m 为微生物指标可接受水平的限量值；
4. M 为微生物指标的最高安全限量值。

针对以上感官品质、理化指标和食品安全指标，国家也颁发了相应的检测方法，泡菜生产企业应参照标准中规定的检测流程对产品进行质量控制。

<h1 align="center">第二节　检验规则</h1>

SB/T 10756—2012《泡菜》对泡菜产品检验规则进行了详细的规定。泡菜产品由企业质监部门按照标准规定检验，检验合格的产品才可以出厂。检验包括"出厂检验"和"型式检验"两种。

一、出厂检验

① 每批产品应进行出厂检验。

② 出厂检验项目为：感官、净含量、理化指标的食盐、固形物、总酸，相

关法规要求的其他项目。

二、型式检验

型式检验项目包括本标准中规定的全部项目和相关法规要求的其他项目。型式检验每半年一次，有下列情况之一，亦应进行型式检验：

① 停产 6 个月，恢复生产时；

② 正式生产后，原料产地变化或改变生产工艺，可能影响产品质量时；

③ 国家质量监督机构提出进行型式检验要求时；

④ 出厂检验结果与上次型式检验有较大差异时；

⑤ 对质量有争议，需要仲裁时。

泡菜在进行品质检测时，还需要注意同一天生产的同品种的泡菜为同一批产品。在进行抽样时，需要从每批产品的不同部位随机抽取 6 瓶（袋），分别进行感官、净含量、理化指标和其他规定项目的检测，并进行留样。出厂检验或型式检验项目全部符合标准规定才能判定为合格产品，不合格者，需加倍抽样进行复检，复检仍不合格者，判定其为不合格产品。

三、标签、包装、运输与贮存

（一）标签

泡菜销售包装标签按照 GB 7718 的规定执行，外包装标志应符合 GB/T 191—2008《包装储运图示标志》的规定，产品名称应标为"泡菜"。

（二）包装

包装材料和容器应符合相应的国家安全标准和有关规定。

（三）运输

运输过程中，应注意产品的轻拿轻放，防止日晒、雨淋，运输工具应清洁卫生，不得与有毒、有害、有污染的物品混运。

（四）贮存

泡菜应贮存于阴凉、通风、干燥、防鼠防虫的设施，不得与有毒、有害、有异味的物质混贮，未灭菌销售的泡菜应采用冷链保存和销售。

以上是泡菜质量指标相关标准要求及相应的检测方法，对于进出口泡菜而言还应参照 SN/T 2303—2009《进出口泡菜检验规程》进行相应指标的检测，以达到出口要求。

第三节　泡菜中微生物的计数、分离和鉴定

微生物对泡菜的生产和产品质量的影响至关重要，研究泡菜发酵过程微生物变化趋势和作用，能够为泡菜质量控制和新产品开发提供理论支撑。在进行相应研究时，第一步可能就需要对泡菜发酵过程中微生物进行分离、纯化和鉴定。

一、泡菜中微生物的计数

（一）取样

对泡菜发酵过程微生物种类和数量变化情况进行检测，首先就需要取样。泡菜中微生物具有种类和数量繁多且变化速度快等特点，在进行取样时，需要确定合适的取样时间，一般可以通过查阅资料或进行预实验了解特定泡菜发酵过程微生物变化的大体情况。编者对白萝卜泡菜发酵过程进行了一个月时间的监测，发现两周以后乳酸菌种类、发酵液 pH 值、亚硝酸盐含量等基本维持恒定，在两周前每天需要取样一次，但是两周以后乳酸菌的数量仍在不断下降，对于微生物数量的监测方面，取样周期可能要根据需要延长。

蔬菜发酵过程是发酵液成分向蔬菜内部扩散的过程，在此过程中蔬菜质地和风味等会随之改变，因此，蔬菜本身和发酵液成分会有明显不同，可根据实验目的对发酵液和蔬菜分别取样。对于泡菜发酵过程中乳酸菌的取样，一般取发酵液即可。使用无菌的取样器（吸量管、枪头等）吸取一定量的发酵液，转移至无菌采样瓶中，进行菌种分离和纯化，若需长距离运输，需将采样瓶置于冰上保存。取样完毕后，要即时进行相关指标的检测，否则将导致实验结果不准确。

（二）乳酸菌的计数

结合 QB/T 4575《食品加工用乳酸菌》和 GB 4789.35《食品微生物学检验乳酸菌检验》中相关规定，泡菜或发酵液中乳酸菌的数量测定可采用"混平板法"，具体操作步骤见图 5-1。

1. 不同乳酸菌计数用培养基的配制及培养条件

（1）嗜热链球菌计数用培养基：MC 培养基（也可用 M17 培养基）

成分：大豆蛋白胨 5.0g，牛肉粉 3.0g，酵母粉 3.0g，葡萄糖 20.0g，乳糖 20.0g，碳酸钙 10.0g，琼脂 15.0g，蒸馏水 1000mL，1％中性红溶液 5.0mL。

配制方法：将前面 7 种成分加入蒸馏水中，加热溶解，调节 pH 值至 6.0±0.2，加入中性红溶液。分装后 121℃高压灭菌 15～20min。

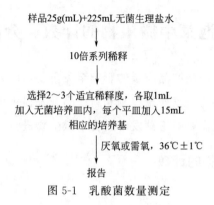

样品25g(mL)+225mL无菌生理盐水

↓

10倍系列稀释

↓

选择2～3个适宜稀释度，各取1mL
加入无菌培养皿内，每个平皿加入15mL
相应的培养基

↓厌氧或需氧，36℃±1℃

报告

图 5-1   乳酸菌数量测定

培养条件：37℃±1℃需氧条件下培养 48～72h。

（2）德氏乳杆菌保加利亚亚种计数用培养基：MRS 培养基

成分：蛋白胨 10.0g，牛肉粉 5.0g，酵母粉 4.0g，葡萄糖 20.0g，吐温 80 1.0mL，$K_2HPO_4 \cdot 7H_2O$ 2.0g，$CH_3COONa \cdot 3H_2O$ 5.0g，柠檬酸三铵 2.0g，$MgSO_4 \cdot 7H_2O$ 0.2g，$MnSO_4 \cdot 4H_2O$ 0.05g，琼脂粉 15.0g。

配制方法：将上述成分加入 1000mL 蒸馏水中，加热溶解，调节 pH 值至 6.2±0.2，分装后于 121℃高压灭菌 15～20min。

培养条件：37℃±1℃厌氧条件下培养 48～72h。

（3）双歧杆菌计数用培养基：改良的 MRS 培养基   对于单纯双歧杆菌的选择性检验，采用改良的 MRS（或 TOS）培养基。MRS 培养基熔化后冷却至 48℃后，加入盐酸半胱氨酸溶液（每次使用前配制），混匀，倾倒至平皿。每 100mL 培养基加入 1mL 浓度为 5％的盐酸半胱氨酸溶液（盐酸半胱氨酸溶于蒸馏水中，制备 5％储备液，用 0.22μm 微孔滤膜过滤除菌）。

对于双歧杆菌与其他乳酸菌混合产品的选择性检测，采用改良的 MRS（或 TOS）。MRS 培养基熔化后冷却至 48℃后，加入莫匹罗星锂盐溶液（每次使用前配制），混匀，倾倒至平皿。每 100mL 培养基加入 5mL 浓度为 0.1％的莫匹罗星锂盐溶液（莫匹罗星锂盐溶于蒸馏水中，制备 5％储备液，用 0.22μm 微孔滤膜过滤除菌）。

培养条件：37℃±1℃厌氧条件下培养 48～72h。

（4）嗜酸乳杆菌计数用培养基：改良的 MRS 培养基   对于单纯的嗜酸乳杆菌的选择性检测，采用改良的 MRS 培养基，同 "单纯双歧杆菌的选择性检验" 部分。

对于嗜酸乳杆菌与其他乳酸菌混合产品的选择性检验，采用 MRS 培养基，调整其 pH 值至 7.0。每 200mL 培养基中加入 0.4mL 浓度为 0.005％盐酸克林霉素（使用前于 4℃放置 14d）和 1mL 浓度为 0.2％的盐酸环丙沙星（使用前于 −20℃放置 56d）。

培养条件：37℃±1℃厌氧条件下培养 48～72h。

（5）干酪乳杆菌或鼠李糖乳杆菌计数用培养基：MRS 或改良的 MRS 培养基　对于单纯干酪乳杆菌或鼠李糖乳杆菌的选择性检验，采用 MRS 培养基；对于干酪乳杆菌或鼠李糖乳杆菌与其他乳酸菌混合产品的选择性检测，采用 MRS 培养基，调整其 pH 值至 7.0，每 200mL 培养基中加入 1mL 浓度为 1％的万古霉素（使用前于 4℃放置 14d）。

培养条件：37℃±1℃厌氧条件下培养 48～72h。注意：此方法无法区分干酪乳杆菌与鼠李糖乳杆菌。

（6）明串珠菌计数用培养基：改良的 MRS 培养基　明串珠菌采用 MRS 培养计数，MRS 熔化后加入万古霉素溶液，每 200mL 培养基加入 1mL 浓度为 5％的万古霉素溶液。

培养条件：24℃±1℃需氧条件下培养 72h。

（7）乳酸乳球菌计数用培养基：M17 培养基

成分：植质蛋白胨 5.0g，酵母提取物 5.0g，聚蛋白胨 5.0g，抗坏血酸 0.5g，牛肉浸膏 2.5g，β-甘油磷酸二钠 19g，琼脂 15g，1.0mol/L MgSO$_4$·7H$_2$O 1.0mL，蒸馏水 1000mL。

配制方法：将除琼脂以外的其他成分加入水中加热溶解，调节 pH 值至 7.0，再加入琼脂，煮沸溶解，分装后于 121℃灭菌 15min 备用。

培养条件：37℃±1℃需氧条件下培养 48～72h。

（8）片球菌计数用培养基：同 MRS 培养基

片球菌的计数采用 MRS 培养基。

培养条件：37℃±1℃厌氧条件下培养 48～72h。

2. 操作步骤

（1）样品制备

① 冷冻样品：可先使其在 2～5℃条件下解冻，时间不超过 18h，也可在温度不超过 45℃的条件下解冻，时间不超过 15min；

② 固体和半固体食品：以无菌操作称取 25g 样品，置于装有 225mL 生理盐水的无菌均质杯内，于 8000～10000r/min 均质 1～2min，制成 1∶10 样品匀液；或置于 225mL 生理盐水的无菌均质袋中，用拍击式均质器拍打 1～2min 制成 1∶10 的样品匀液；

③ 液体样品：应先将其充分摇匀后以无菌吸管吸取样品 25mL 放入装有

225mL 生理盐水的无菌锥形瓶（瓶内预置适当数量的无菌玻璃珠）中，充分振摇，制成 1：10 的样品匀液。

（2）梯度稀释

① 用 1mL 无菌吸管或微量移液器吸取 1：10 样品匀液 1mL，沿管壁缓慢注于装有 9mL 生理盐水的无菌试管中（注意吸管尖端不要触及稀释液），振摇试管或换用 1 支无菌吸管反复吹打使其混合均匀，制成 1：100 的样品匀液；

② 另取 1mL 无菌吸管或微量移液器吸头，按上述操作顺序，做 10 倍递增样品匀液，每递增稀释一次，更换 1 支 1mL 灭菌吸管或吸头。

（3）接种和培养

根据对待检样品中相应乳酸菌含量的估计，选择 2～3 个连续的适宜稀释度，每个稀释度吸取 1mL 样品稀释液置于无菌平皿中，每个稀释度接种两个平皿。将相应的培养基熔化后，冷却至 48℃，倾倒至平皿中，每个平皿约 15mL，转动平皿使培养基与样品稀释液混合均匀。培养基完全冷却后，于相应的培养条件下静置培养。然后进行计数。注意：从样品稀释到倾注平板要求 15min 内完成。

（4）菌落计数

可用肉眼观察，必要时用放大镜或菌落计数器，记录稀释倍数和相应的菌落数量，并计算平均值。菌落计数以菌落形成单位（CFU）表示，记录的原则是：

① 选取菌落数在 30～300CFU 之间，无蔓延菌落生长的平板计数菌落总数；

② 其中一个平板有较大片状菌落生长时，则不宜采用，而应以无片状菌落生长的平板上生长的菌落数作为该稀释度的菌落数；若片状菌落不到平板的一半，而其余一半中菌落分布又很均匀，即可计算半个平板后乘以 2，代表一个平板菌落数；

③ 当平板上出现菌落间无明显界线的链状生长时，则将每条单链作为一个菌落计数。

（5）结果的表述

① 若只有一个稀释度平板上的菌落数在适宜计数范围内，计算两个平板菌落数的平均值，再将平均值乘以相应稀释倍数，作为每克或每毫升中菌落总数结果。

② 若有两个连续稀释度的平板菌落数在适宜计数范围内时，按式（5-1）计算：

$$N = \frac{\sum C}{(n_1 + 0.1 n_2)d} \tag{5-1}$$

式中　N——样品中菌落数；

　　$\sum C$——平板（含适宜范围菌落数的平板）菌落数之和；

　　n_1——第一稀释度（低稀释倍数）平板个数；

　　n_2——第二稀释度（高稀释倍数）平板个数；

　　d——稀释因子（第一稀释度）。

③ 若所有稀释度的平板上菌落数均大于 300CFU，则对稀释度最高的平板进行计数，其他平板可记录为多不可计，结果按平均菌落数乘以最高稀释倍数计算。

④ 若所有稀释度的平板菌落数均小于 30CFU，则应按稀释度最低的平均菌落数乘以稀释倍数计算。

⑤ 若所有稀释度（包括液体样品原液）平板均无菌落生长，则以小于 1 乘以最低稀释倍数计算。

⑥ 若所有稀释度的平板菌落数均不在 30～300CFU 之间，其中一个稀释度的菌落数小于 30CFU 或大于 300CFU 时，则以最接近 30CFU 或 300CFU 的平均菌落数乘以稀释倍数计算。

（6）菌落数的报告

① 菌落数小于 100CFU 时，按"四舍五入"原则修约，以整数报告。

② 菌落数大于或等于 100CFU 时，第 3 位数字采用"四舍五入"原则修约后，取前 2 位数字，后面用 0 代替位数；也可用 10 的指数形式来表示，按"四舍五入"原则修约后，保留两位有效数字。

③ 称重取样以 CFU/g 为单位报告，体积取样以 CFU/mL 为单位报告。

（7）报告

根据计算结果，报告乳酸菌数量，报告单位以 CFU/g（mL）表示。

（三）霉菌和酵母菌的计数

霉菌和酵母数量测定可参考国标 GB 4789.15《食品微生物学检验　霉菌和酵母计数》执行。检验程序见图 5-2。

1. 培养基及试剂

（1）孟加拉红培养基

成分：蛋白胨 5.0g，葡萄糖 10.0g，磷酸二氢钾 1.0g，硫酸镁（无水）0.5g，琼脂 20.0g，孟加拉红 0.033g，氯霉素 0.1g，蒸馏水 1000mL。

配制方法：将上述成分加入蒸馏水中，加热溶解后，补充蒸馏水至 1000mL，分装后于 121℃灭菌 15min。

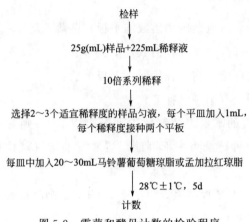

检样

↓

25g(mL)样品+225mL稀释液

↓

10倍系列稀释

↓

选择2～3个适宜稀释度的样品匀液，每个平皿加入1mL，
每个稀释度接种两个平板

↓

每皿中加入20～30mL马铃薯葡萄糖琼脂或孟加拉红琼脂

↓28℃±1℃，5d

计数

图5-2　霉菌和酵母计数的检验程序

（2）马铃薯葡萄糖琼脂

成分：马铃薯（去皮）300g，葡萄糖20.0g，琼脂20.0g，氯霉素0.1g，蒸馏水1000mL。

配制方法：将马铃薯去皮切块，加1000mL蒸馏水，煮沸10～20min。用纱布过滤，取滤液，加入葡萄糖、氯霉素和琼脂，加热溶解，补水至1000mL，分装后于121℃灭菌15min。

（3）生理盐水

成分：氯化钠8.5g，蒸馏水1000mL。

配制方法：将氯化钠加入蒸馏水中，搅拌至完全溶解，分装后，于121℃高压灭菌15min。

2. 仪器及耗材

冰箱、恒温培养箱、均质器、恒温振荡器、电子天平、无菌锥形瓶、无菌吸管、无菌平皿、无菌试管等。

3. 样品的制备及稀释

样品的稀释同"乳酸菌计数"。

4. 接种

根据对样品污染状况的估计，选择2～3个适宜稀释度的样品匀液（液体样品可包括原液），在进行10倍递增稀释的同时，每个稀释度分别吸取1mL样品匀液于2个无菌平皿内。同时分别取1mL样品稀释液加入2个无菌平皿作空白对照。

及时将15～20mL冷却至46℃的马铃薯-葡萄糖-琼脂或孟加拉红培养基倾注至平皿，并转动平皿使其混合均匀。

5. 培养

待琼脂凝固后，将平板倒置，28℃±1℃培养5d，观察并记录。

6. 菌落计数

肉眼观察，必要时可用放大镜，记录各稀释倍数和相应的霉菌和酵母数，以菌落形成单位表示。

选取菌落数在10～150CFU的平板，根据菌落形态分别计数霉菌和酵母数。霉菌蔓延生长覆盖整个平板的可记录为多不可计。菌落数应采用两个平板的平均数。注意：培养结束后，霉菌和酵母菌需分别计数，可根据菌落形态进行区分，霉菌又称为丝状真菌，能够形成疏松的绒毛状菌丝体，酵母菌也是真菌的一类，菌落一般呈乳白色圆形，大多无菌丝。

7. 结果处理

（1）结果

① 只有一个稀释度的平均菌落数在10～150CFU的，以平均值乘以相应稀释倍数计算。

② 两个稀释度平均菌落数在10～150CFU的，按式（5-1）计算。

③ 若所有平板上平均菌落数均大于150CFU，则对稀释度最高的平板进行计数，其他平板可记录为多不可计，结果按平均菌落数乘以最高稀释倍数计算。

④ 若所有平板上平均菌落数均小于10CFU，则应按稀释度最低的平均菌落数乘以稀释倍数计算。

⑤ 若所有稀释度平板均无菌落生长，则以小于1乘以最低稀释倍数计算；如为原液，则以小于1计数。

（2）报告

① 菌落数在100CFU以内时，按"四舍五入"原则修约，采用两位有效数字报告。

② 菌落数大于或等于100CFU时，前3位数字采用"四舍五入"原则修约后，取前2位数字，后面用0代替位数来表示结果；也可用10的指数形式来表示，此时也按"四舍五入"原则修约，保留两位有效数字。

③ 称重取样以CFU/g为单位报告，体积取样以CFU/mL为单位报告，报告霉菌和/或酵母数。

二、泡菜中乳酸菌的分离与鉴定

计数平板上生长的乳酸菌，在无菌的条件下，挑取单菌落，采用"划线法"或"涂布法"对目标菌落进行纯化，然后保存或进一步进行鉴定。乳酸菌的鉴定可采用传统鉴定和分子生物学鉴定等方法。

(一) 传统鉴定方法

传统鉴定方法包括形态学鉴定和生理生化鉴定，此鉴定方法试验条件简单，成本低廉，但是不能反映乳酸菌的遗传信息。

1. 形态学鉴定

形态学鉴定方法包括菌落形态和细胞形态两部分，菌落形态包括菌落的形状、透明度、颜色、大小、表面状况、隆起和质地、气味等。不同培养温度、pH 值，不同的培养基上，微生物生长会存在明显差异，因此，在进行形态观察时，应该选择标准的培养基和最适培养条件培养菌体，以避免不同条件带来的干扰。细胞形态观察主要借助显微镜完成，包括细胞形状、存在形式、运动性、革兰氏染色试验等。形态学鉴定只能作为乳酸菌鉴定的依据之一，准确性不高，还需要配合生理生化鉴定等试验进一步确定微生物种类。

2. 生理生化鉴定

生理生化鉴定操作烦琐，需要依靠菌体对不同底物的反应判断乳酸菌种类。乳酸菌生理生化鉴定试验主要包括：H_2O_2 酶试验、硝酸盐还原试验、石蕊牛乳试验、明胶液化试验、运动性试验、葡萄糖产气试验、pH 生长试验、温度生长试验、糖发酵试验、发酵蔗糖试验、发酵类型检验试验、乳酸旋光性测定试验、精氨酸产气试验、耐盐性试验等。

传统鉴定方法具体可参照《常见细菌系统鉴定手册》、《伯杰氏细菌鉴定手册》和《乳酸细菌分类鉴定及实验方法》完成。

(二) 分子生物学鉴定方法

随着分子生物学技术的发展，从基因水平鉴定乳酸菌类型也成为目前常用的方法。分子生物学鉴定方法需要特定的仪器设备，对操作人员也有一定的技术要求，成分较传统方法高，但是速度快。乳酸菌的分子生物学鉴定方法主要包括聚合酶链式反应法、变性梯度凝胶电泳法、随机扩增多态 DNA 技术等。

聚合酶链式反应（polymerase chain reaction，PCR）技术是一种借助 PCR 仪器在体外扩增 DNA 的分子生物学技术，这种技术的优点是仅需要微量的生物体 DNA 样本便可以将该遗传信息扩大，用于进一步的研究分析。PCR 技术实施的基本原理是：双链 DNA 在一定的温度条件下变性解旋成为单链，在 DNA 聚合酶和引物的作用下，根据碱基互补配对原则，单链 DNA 扩增为双链 DNA，从而一条 DNA 链变成两条 DNA 链，基于此，经过多轮解旋、扩增的过程，使 DNA 的数量呈指数递增。PCR 技术已经成为分子生物学研究最基础的手段之一，可用于样本基因的获取、菌种的鉴定等。采用 PCR 技术鉴定乳酸菌菌种也是目前常用的手段，根据乳酸菌保守的基因序列（16SrDNA）设计引物，然后从目标菌中扩增出相应的序列后，经测序、生物信息学分析，可以完成乳酸菌的鉴定，一般的操作步骤包括：乳酸菌的富集、基因组的提取、引物设计和合成、16SrDNA 的扩增和测序、基因比对。

变性梯度凝胶电泳（denatured gradient gel electrophoresis，DGGE）技术是利用不同浓度的变性剂将片段大小相同而碱基不同的 DNA 片段分开的技术。DGGE 技术主要适合用于某些环境微生物多样性分析，可对复杂群体微生物进行鉴定。

随机扩增多态 DNA（random amplified polymorphism DNA，RAPD）技术是 1990 年 William 和 Welsh 等利用 PCR 技术发展起来的 DNA 多态性标记，该技术利用随机合成的引物对目的基因组 DNA 进行 PCR 扩增，通过电泳后分析扩增产物 DNA 片段的多态性。RAPD 技术检测速度快，使用一套引物可以对多种微生物基因组进行分析。

霉菌和酵母菌不是泡菜发酵过程主要的微生物，但是如果这些微生物对泡菜的制作产生明显影响，需要进行相关的研究，也可采用传统生理生化试验和分子生物学鉴定方法进行鉴定，并进行进一步分析。

第六章

泡菜加工实例

可以加工成泡菜的原料广泛，包括各种蔬菜，苹果、梨等水果，蘑菇、木耳等食用菌，海带等海产品以及凤爪、猪蹄等畜禽动物原料。蔬菜是泡菜制作中最主要的原料。蔬菜种类繁多，包括根菜类、茎菜类、叶菜类、果菜类等。不同蔬菜成分不同，因此制得的泡菜风味和口感差异较大。其中，使用最为广泛的根菜类代表为：萝卜、芥菜头（又名大头菜或芥疙瘩）等；茎菜类代表为：笋、藕、姜、蒜等；叶菜类最典型代表为大白菜；果菜类（用菜的果实作原料的蔬菜）包括茄果、瓜果、豆类等，代表为：茄子、辣椒、黄瓜、豆角等。

第一节　根菜类泡菜加工实例

一、萝卜

（一）泡萝卜

1. 产品配方

白萝卜 10kg，一等老盐水 8kg，川盐 250g，干红辣椒 200g，白酒 120g，红糖 60g，醪糟汁 40g，香料包 1～2 个。

2. 工艺流程

原料处理→入坛泡制→成品

3. 操作要点

（1）原料处理　选择鲜嫩、不空心的圆根萝卜，去缨及根须后，洗干净。将萝卜晾晒发蔫。

（2）入坛泡制　将各配料调匀，装入泡菜坛内，放入萝卜与香料包，盖上坛盖，添足坛沿水，泡约 10 天，即为成品。

4. 产品特点

色白微黄，嫩脆鲜香。

5. 注意事项

① 装坛应当装满、压实。同时，时刻保持坛沿水不干。

② 萝卜晾晒适度，产品脆度好。

③ 取食后，若添加新料，应当按比例加入配料。

（二）泡小萝卜

1. 产品配方

小白萝卜 1kg，辣椒粉 100g，大粒盐 55g，虾酱 50g，鱼露 25mL，蒜末 20g，姜 20g，味精 2g，梨 1 个，盐水适量。

2. 工艺流程

原料处理→腌泡料制备→入坛泡制→成品

3. 操作要点

（1）原料处理　选带缨子的小白萝卜洗净，用盐水腌 2 天。姜榨汁。梨去蒂去核后，打成泥。

（2）腌泡料制备　将虾酱加适量水煮开，倒入辣椒粉搅拌均匀，再加入大粒盐、味精、鱼露、梨泥、蒜末和姜汁调匀，晾凉备用。

（3）入坛泡制　将预先已经腌渍软了的小白萝卜取出，沥干水分，与制备好的腌泡料混匀，再装入泡菜坛中封口。7 天后，即可食用，转入冰箱冷藏保存。

（三）泡甜萝卜

1. 产品配方

白萝卜 10kg，老蒜盐水 2.5kg，特级白酱油 2.5kg，红糖 2kg，一级醋 1.7kg，新盐水 1.25kg，白糖 1.25kg，川盐 500g，干红辣椒 200g，醪糟汁 100g，白酒 100g。

2. 工艺流程

原料整理→腌制→入坛泡制→成品

3. 操作要点

（1）原料整理　选择个大、鲜嫩、不空心的白色圆根萝卜，去顶、去根须，洗净，沥干。

（2）腌制　将萝卜逐个切成厚 3cm 的片，用川盐拌匀入盆腌制 3 天，捞出，沥干涩水。

（3）入坛泡制　将各种配料调匀装入泡菜坛内，放入萝卜片，盖上坛盖，添足坛沿水，泡 1 个月后，即为成品。

4. 产品特点

滋味厚实，质地脆嫩。

5. 注意事项

① 萝卜切片应均匀，入坛后半个月左右要翻坛一次，使其入味一致。

② 若需储藏较久，可将萝卜整块入泡。

③ 老蒜盐水，是指泡过蒜的老盐水。

（四）泡香萝卜

1. 产品配方

白萝卜 2.5kg，老盐水 2kg（可用 1.5kg 凉开水加精盐 500g 搅匀代替），精盐 65g，白酒 40g，香料包 1 个（内含花椒 50g，八角、白菌和甘草各 25g）。

2. 工艺流程

原料处理→泡制→成品

3. 操作要点

（1）原料处理　将选用的新鲜白萝卜择洗干净，沥干水分后切成条，晾晒至发蔫，放入泡菜坛内。

（2）泡制　将老盐水、白酒、精盐和香料包一起倒入泡菜坛内，盖好坛盖，加足坛沿水，泡制 15 天左右，即可食用。

4. 产品特点

色泽浅黄，质地脆嫩，味道清香。

（五）泡胡萝卜

1. 产品配方

胡萝卜 5kg，精盐 250g，花椒和白酒各少许。

2. 工艺流程

原料整理→泡制→成品

3. 操作要点

（1）原料整理　将胡萝卜择洗干净，切成 3cm 长、1cm 宽的条，放入干净的泡菜坛内。

（2）泡制　锅置火上，放入适量的清水和精盐，烧沸晾凉后倒入坛内，撒上花椒和白酒，盖上坛盖，每天翻动 1 次，泡制 10 天以后，即可食用。

4. 产品特点

质地脆嫩，味咸麻酸甜。

（六）泡小胡萝卜

1. 产品配方

小胡萝卜 5kg，新盐水 2.5kg，老盐水 2.5kg，红糖 1kg，醋 500g，精盐 150g，干红辣椒 120g，白酒 50g，料酒 50g，花椒 25g，香料包（内含八角、花椒、白菌和排草各 10g）1 个。

2. 工艺流程

原料处理→入坛泡制→成品

3. 操作要点

（1）原料处理　将大小一致的嫩小胡萝卜去杂，洗净后晒蔫，用加精盐的凉开水泡渍 3 天，捞出晒干沥水。

（2）入坛泡制　将老盐水、新盐水、红糖、醋、料酒、白酒、干辣椒和花椒一起放入大坛内调匀，加入小胡萝卜和香料包，按实，再用竹片卡紧，盖坛，用水封口，泡制 10 天左右，即可食用。

4. 产品特点

味甜酸咸，口感嫩脆。

（七）泡红萝卜

1. 产品配方

红萝卜 10kg，老盐水 5kg，新盐水 5kg，川盐 200g，红糖 150g，白酒 100g，干红辣椒 100g，醪糟汁 50g，香料包 1 个。

2. 工艺流程

原料处理→入坛泡制→成品

3. 操作要点

（1）原料处理　选新鲜红萝卜，去茎叶、去须根，晾晒至稍蔫，洗净，出坯 1 天，捞起，沥干附着的水分。

（2）入坛泡制　将各种调料调匀装入泡菜坛内，放入红萝卜及香料包，用篾片卡紧，盖上坛盖，添足坛沿水，泡制 2～3 天，即为成品。

4. 产品特点

色红质脆，咸酸微辣。

5. 注意事项

若要久储，应常检查，并酌情添加佐料。

(八) 泡腌萝卜

1. 产品配方

萝卜 5kg，精盐 1kg。

2. 工艺流程

原料处理→泡制→成品

3. 操作要点

(1) 原料处理　将萝卜择洗干净后放入坛中，一层萝卜一层精盐，装完后上面洒少许水，压上重物。2 天后翻动 1 次，再过 1 天捞出沥干水分，重新放入坛中，一层萝卜一层精盐，装完后压上重物，2 天后翻动 1 次，再过 2 天捞出沥干水分。

(2) 泡制　将萝卜放入空泡菜坛中，上面压上重物，倒入能淹没萝卜 6cm 左右的盐水，泡制 30 天左右，即可食用。

4. 产品特点

咸鲜脆爽，味美适口。

(九) 泡酸萝卜

1. 产品配方

萝卜 5kg，盐适量。

2. 工艺流程

原料处理→泡制→成品

3. 操作要点

(1) 原料处理　将萝卜去杂物后洗净擦干，小者切成 2 瓣，大者切成 3 瓣或 4 瓣，置阳光下晒至表面发干，放入干净的泡菜坛内，上压干净石块，加入能淹没萝卜的凉开水（内含盐适量）。

(2) 泡制　将泡菜坛放置在大约为 13℃ 的环境下，密封保存，泡制 30 天左右，即可食用。

4. 产品特点

味道酸辣，口感脆嫩。

（十）泡萝卜片

1. 产品配方

青萝卜 2.5kg，白菜 2.5kg，精盐 160g，葱丝 160g，蒜片 120g，姜丝 80g，辣椒粉 40g，红辣椒 10 个。

2. 工艺流程

原料整理→腌制→泡制→成品

3. 操作要点

（1）原料整理　将青萝卜去杂物洗净后擦干，切成 3cm 见方的薄片。白菜去根和老帮，洗净沥干表面的水分，切成 3cm 条段。红辣椒切成丝。

（2）腌制　将切好的青萝卜和白菜撒上适量精盐拌匀，腌 0.5h 捞出沥干水分，与蒜片、姜丝、葱丝和红辣椒丝一起搅拌均匀，装入干净坛中。

（3）泡制　将腌好的萝卜、白菜捞出，沥去水分，与蒜片、葱丝、姜丝、红辣椒丝一起搅拌均匀，移入干净的泡菜坛中。将剩下的盐放进腌过萝卜、白菜的盐水中化开。再烧开水适量，晾至温热时，将辣椒粉用纱布包好放入水中摇晃，使其渗出红色，再晾至室温。将盐水及辣椒水注入泡菜坛中，在坛沿添满水，置于 13℃左右的地方，泡制 5 天后，即可食用。

4. 产品特点

清香脆嫩，口感极佳，增强食欲，有利消化。

（十一）泡萝卜块 I

1. 产品配方

青萝卜 5kg，精盐 150g，胡萝卜 150g，辣椒粉 50g，栗子 50g，芥菜 50g，小葱 25g，大葱 25g，大蒜 25g，姜 10g，香菜籽面 3g，梨 2 个，白菜半棵。

2. 工艺流程

原料处理→入坛泡制→成品

3. 操作要点

（1）原料处理　将青萝卜去杂物洗净后擦干，切成 1cm 高、3cm 宽、4cm 长的块。胡萝卜去杂物后洗净擦干，纵切成较短的块，与青萝卜一起用精盐腌约 4h 左右。白菜去根和老帮，纵切一刀，再横切成 3cm 长的段，用精盐腌约 6h 左右。小葱与芥菜洗净后沥干水分，均切成 4cm 长的段。姜、蒜与香菜籽面一起捣成泥，大葱切成碎葱花，栗子和梨去皮后切成片。

（2）入坛泡制　用清水将腌过的青萝卜、胡萝卜和白菜漂洗，沥去水分，拌上辣椒粉，放置 0.5h。再把这些材料与小葱、芥菜、大葱末、姜蒜香菜籽泥、梨片和栗子片等全部放在一起拌匀，装入坛中。将精盐放入适量水中，调好咸淡，置于火上烧沸，晾凉后注入泡菜坛中，泡制 5 天左右，即可食用。

4. 产品特点

清香鲜脆，增进食欲，帮助消化。

(十二) 泡萝卜块Ⅱ

1. 产品配方

白萝卜 1kg，细辣椒粉 100g，虾酱 100g，糖 50g，蒜汁 25mL，姜汁 25mL，鱼露 5mL，味精 5g，葱 1 根（切 2cm 段），梨 1 个（榨汁），盐适量。

2. 工艺流程

原料处理→腌泡料制备→入坛泡制→成品

3. 操作要点

（1）原料处理　将白萝卜去皮，切成 2cm 见方的块儿，先撒上少许盐和糖腌 12h，再将白萝卜块儿沥净水。

（2）腌泡料制备　将虾酱加入适量水烧开，再加入细辣椒粉、糖、鱼露、味精、盐、姜汁、葱段、蒜汁、梨汁拌匀，晾凉备用。

（3）入坛泡制　将预处理过的白萝卜块儿与腌泡料混合均匀，装入泡菜坛密封，待发酵。7 天后，即可食用，转入冰箱冷藏保存。

4. 产品特点

咸脆可口，风味浓郁。

5. 注意事项

若是夏天制作，泡制 2 天后，即可放入冰箱，冷藏保存。

(十三) 泡萝卜条

1. 产品配方

白萝卜 5kg，盐水 4.5kg，白酒 400g，干辣椒 100g，精盐 100g，白糖 40g，香料 10g。

2. 工艺流程

原料处理→入坛泡制→成品

3. 操作要点

（1）原料处理　选新鲜质嫩的白萝卜去杂后洗净晾干，视其长短横切一刀或二刀，成 2 段或 3 段。每段再纵切成条状，置于室外晾晒至发蔫。

（2）入坛泡制　将干辣椒、白糖、香料、精盐、白酒与白萝卜条拌匀，放入盛有盐水的泡菜坛中，用水密封，腌泡 5 天后，即可食用。

4. 产品特点

色泽白，口感嫩脆。

（十四）泡萝卜头

1. 产品配方

小圆萝卜 5kg，酱油 1.5kg，精盐 500g，醋 500g，白糖 150g，味精少许。

2. 工艺流程

原料处理→入坛泡制→成品

3. 操作要点

（1）原料处理　将萝卜去杂后洗净，晾干表面的水分，将适量的精盐与萝卜拌匀放入坛内腌渍，2 天后将萝卜倒出，晒至六成干。将晒过的萝卜放在盆内用剩余的精盐用力揉搓，使其柔软，然后装入泡菜坛内，7 天后取出，晾干表面的水分。

（2）入坛泡制　将醋、白糖、味精和酱油放在锅内置火上烧沸，晾凉后倒入干净的泡菜坛内，加入萝卜（泡菜液需淹没萝卜），泡制 1 个月后，即可食用。

4. 产品特点

香甜脆嫩，味美适口。

（十五）五香萝卜

1. 产品配方

萝卜 5kg，精盐 700g，五香粉 50g。

2. 工艺流程

原料整理→首次泡腌→再次腌渍→成品

3. 操作要点

（1）首次泡腌　将洗净后一切两半的萝卜放入坛中，一层萝卜一层精盐（用精盐 300g）。次日翻动时再加精盐 150g。5 天后，将萝卜捞出，晾晒至七成干，再装入坛中，仍是一层萝卜一层精盐（用精盐 150g），并加入清水 3kg。泡至第 3 天取出，晒至七成干，再下坛泡制。3 天后，再次捞出，晾晒至五成干后，放入空坛中。

（2）再次腌渍　将余下的 100g 精盐入锅置火上炒热，拌入五香粉，撒在放于空坛内的萝卜上，拌匀压实，盖好坛盖，密封坛口。腌渍 10 天左右，即可食用。

4. 产品特点

香嫩筋韧，味美适口。

（十六）椒香萝卜

1. 产品配方

大圆萝卜 5kg，精盐 150g，干红辣椒 100g，醋 10g，花椒 5 粒。

2. 工艺流程

原料整理→泡制→成品

3. 操作要点

（1）原料整理　将萝卜去杂洗净后切成长条，辣椒去蒂及籽后切成丝，一起放入干净的坛内拌匀。

（2）泡制　往坛内加入兑好的盐水（比例为 1kg 清水加 50g 精盐），要求盐水要淹没萝卜条，再撒入花椒粒，淋入醋，放在温暖处，泡制 15 天左右，即可食用。

4. 产品特点

酸辣香脆，微带咸味。

（十七）葱香萝卜

1. 产品配方

萝卜 5kg，大葱 1.5kg，红辣椒 250g，蒜 250g，生姜 250g，青辣椒 125g，白糖 70g，精盐适量。

2. 工艺流程

原料处理→泡制→成品

3. 操作要点

（1）原料处理　将萝卜择洗干净，纵切成 4 瓣，放入烧开的盐水中煮至三成熟，立即捞出，沥干水分后放入泡菜坛中。将大葱择洗干净后切成 3 段，整齐捆成小把。红辣椒每个纵切成 4 瓣。生姜和蒜切成片。将葱、红辣椒、青辣椒、白糖、生姜和蒜等一起放入泡菜坛中。

（2）泡制　锅置火上，放入适量的精盐和清水烧成咸度适中的盐水，晾凉后倒入坛内，将萝卜淹没，泡制 15 天左右，即可食用。

4. 产品特点

色泽好看，味道丰富。

（十八）盐水萝卜

1. 产品配方

胡萝卜2kg，盐水1kg（凉开水750g，精盐250g），红糖400g，醋200g，精盐75g，研碎的干红辣椒50g，料酒20g，白酒20g，花椒10g，八角10g。

2. 工艺流程

原料处理→入坛泡制→成品

3. 操作要点

（1）原料处理　将胡萝卜洗净后置于阳光下晒蔫，撒入精盐拌匀腌2天后，捞出沥干。

（2）入坛泡制　将盐水、醋、料酒、红糖、白酒、精盐、研碎的干红辣椒、八角和花椒拌匀，与腌好的胡萝卜拌匀后一起装入坛内，压实后用竹片卡紧，盖好坛盖，加足坛沿水，泡12天后，即可食用。

4. 产品特点

椒香清脆，口味丰富。

（十九）泡酸辣萝卜皮

1. 产品配方

青萝卜皮1kg，虾酱100g，酱油4大匙，精盐3小匙，白糖2小匙，香醋2小匙，大蒜末1大匙，姜末1大匙，辣椒粉1小匙，味精1/2小匙。

2. 工艺流程

原料处理→泡腌→成品

3. 操作要点

（1）原料处理　将萝卜皮洗净，切成细丝，加上精盐拌匀，腌渍10h，捞出。

（2）泡腌　白糖、香醋、辣椒粉、大蒜末、姜末、虾酱、酱油、味精放在同一碗内，调匀即成泡腌调味料。将腌过的萝卜皮一层一层装入容器中，层与层之间均匀涂抹泡腌调味料，泡腌3天，即可食用。

4. 产品特点

酸辣可口，开胃小菜。

（二十）中东酸萝卜

1. 产品配方

白萝卜2根，红萝卜1根，小米辣5个，青瓜2根，蒜头1份，酱油5勺，米醋 3 勺，白糖 2 勺，姜丝和凉白开水各适量。

2. 工艺流程

原料清洗→调汁→切片→腌制→密封冷藏→成品

3. 操作要点

（1）原料清洗　将白萝卜、青瓜、蒜头均去皮后，清洗干净，沥干。小米辣洗净，沥去水分。

（2）调汁　将 5 勺酱油、3 勺米醋、2 勺白糖、适量凉白开水搅拌均匀。

（3）切片　将白萝卜切片，青瓜对半切成 4 根长条，红萝卜对半切成数根长条。

（4）腌制　前边步骤处理后，将白萝卜、青瓜、红萝卜分别放入不同容器，各加 1 勺盐腌制 1.5h 后，滤出多余水分，并用凉白开水清洗两遍。

（5）密封冷藏　将白萝卜、青瓜、红萝卜、小米辣、蒜头、姜丝全部放入罐子里，最后倒入调好的酱汁，密封摇晃均匀，放入冰箱冷藏。

4. 产品特点

酸脆爽口，解腻。

5. 注意事项

① 不要直接加水龙头生水，要使用凉白开，以防止泡菜变质。

② 要至少冷藏 12h 后再开吃，更爽脆可口。

二、芥菜头（大头菜）

（一）泡大头菜 I

1. 产品配方

大头菜 10kg，冷开水 10kg，芹菜 1.5kg，胡萝卜 1.5kg，精盐 300g，干辣椒 150g，白酒 150g，白糖 150g，八角 100g，花椒 50g。

2. 工艺流程

原辅料处理→入坛泡制→成品

3. 操作要点

（1）原辅料处理　将大头菜洗净，控干水分，用不锈钢刀切成 4 瓣。将胡萝卜斜刀切成 2cm 厚的薄片，再将芹菜洗净控干水，切成 5cm 左右的小段。

（2）入坛泡制　把芹菜、胡萝卜、干辣椒、八角、花椒、精盐、糖等混拌后装入泡菜坛内，再放入大头菜，用竹篾卡紧，淹没在泡菜水面以下，装满压实。并添足坛沿水。泡制 5 天左右，即可食用。

4. 产品特点

色泽美观，鲜香嫩脆，咸鲜适口。

5. 注意事项

坛子内的菜要经常检查，调味要淡，千万不可用盐过多，以免影响质量。

（二）泡大头菜Ⅱ

1. 产品配方

大头菜 5kg，精盐 900g，浓度为 20% 的盐水适量。

2. 工艺流程

原料处理→入坛泡制→成品

3. 操作要点

（1）原料处理 将鲜大头菜去除杂物洗净，置于阳光下晒制稍干，然后每隔 2cm 用刀切一浅口，再暴晒 2~3 天，直至晒蔫。

（2）入坛泡制 把晒蔫后的大头菜与精盐一层隔一层地放入泡菜坛内，再倒入适量的盐水，压上重物。以后每隔 3 天翻动 1 次，连续翻动 3 次，浸泡 2~3 个月后，即可食用。

4. 产品特点

色泽本色，脆嫩爽口。

（三）飘香大头菜

1. 产品配方

大头菜 5kg，料酒 500g，精盐 400g，五香粉 25g。

2. 工艺流程

原料处理→泡制→成品

3. 操作要点

（1）原料处理 将鲜大头菜带叶子去根后用水洗净，放在太阳下暴晒，每 1h 翻动 1 次，晚上收回堆成圆形，菜头向外，第二天继续摊开翻晒，至菜叶差不多干为止。将每棵大头菜纵切成两半（靠叶处相连），在切面揉进一些精盐后合拢，用菜叶捆住，装入坛内（需用精盐 300g），放在阴凉通风处腌 18h 后，再将剩下的 100g 精盐用 3kg 开水溶化，冷却后倒入坛内，用竹片卡紧后压上重石，不要使大头菜露出水面，再经 18h 翻动大头菜 1 次。经 24h 后使精盐均匀地渗透到大头菜内。将浸透精盐的大头菜，逐棵压出盐水，摊放在竹帘上晾晒，每天翻动 2 次，晒干后收回室内，在菜叶回软后逐棵捆住。

（2）泡制　将五香粉放入料酒中，静置后将料酒过滤去渣，防止影响菜质美观。把捆好的大头菜逐棵在料酒中浸没一下，拿起放入坛中，用棒捣紧（如捣不紧，质量将差），再将浸泡过的料酒倒入坛中，密封坛口。20天后将坛倒转放置，使坛底的酒上下布匀。过10天再翻转放置。泡制1个月后，即可食用。

4. 产品特点

质地嫩脆，香咸爽口，酒香味足。

（四）泡脆芥菜丝

1. 产品配方

芥菜头3kg，老盐水3kg（可用浓度为25％的盐水代替），白酒30g，红糖30g，醪糟汁30g，精盐15g，香料包（内含花椒、八角、桂皮和小茴香各10g）1个。

2. 工艺流程

原料处理→入坛泡制→成品

3. 操作要点

（1）原料处理　将优质新鲜的芥菜头洗净后切成丝，放入老盐水中泡1天，捞出沥干水分。

（2）入坛泡制　将精盐、白酒、红糖和醪糟汁一同放入碗内调匀，倒入泡菜坛中，放入芥菜丝及香料包，用竹片卡紧，盖上坛盖，加足坛沿水，泡制3天，即可食用。

4. 产品特点

鲜嫩香脆，色泽微黄。

（五）泡酸芥菜丝

1. 产品配方

带叶鲜芥菜头5kg，精盐50g。

2. 工艺流程

原料处理→入坛泡制→成品

3. 操作要点

（1）原料处理　将芥菜头切下，去根须后洗净，擦成细丝。菜叶部分洗净，沥干水分，切成小碎块。将菜丝和碎菜叶混合拌匀。

（2）入坛泡制　将切好的芥菜分批放入干净的坛内，每放一层都要按实。上面可撒入少许精盐封口，用竹片压紧。坛内倒入凉开水淹没菜料，盖好坛盖，添足坛沿水，放置温暖处。一般泡制 12 天左右，自然发酵后，即为成品。

4. 产品特点

酸脆爽口，生津开胃。

(六) 泡芥菜头

1. 产品配方

芥菜头 100kg，食盐 10kg。

2. 工艺流程

原料整理→泡制→成品

3. 操作要点

(1) 原料整理　将芥菜头去顶、去根须，用清水洗净，沥干水分。将较大者从中剖成两瓣。

(2) 泡制　取干净小缸，放一层芥菜头，撒一层盐，依次装完后，加入凉开水，浸没芥菜头。加盖泡制。泡制 10 天之内，翻动 1 次。一般泡制 40 天后，即可食用。

4. 产品特点

咸脆，是佐餐的常用小菜。

5. 注意事项

① 宜选择中等大小以上的芥菜头。

② 泡制时，缸要盖上盖，以免杂物进入，保持清洁卫生。

第二节　茎菜类泡菜加工实例

一、蒜

(一) 泡大蒜

1. 产品配方

大蒜 4kg，盐水 3kg（凉开水 2.4kg 加精盐 600g 搅匀），精盐 800g，白酒 60g，红糖 60g，干红辣椒 40g，香料包（内含花椒、八角、小茴香和桂皮各 20g）1 个。

2. 工艺流程

原料处理→入坛泡制→成品

3. 操作要点

（1）原料处理　将新鲜大蒜去粗皮，洗净后用精盐和白酒拌匀，放入盆内腌10天，每2天翻动1次，捞出沥干。

（2）入坛泡制　将盐水、干红辣椒和红糖放到容器内调匀后，倒入泡菜坛内。然后，加入大蒜及香料包，盖上坛盖，添足坛沿水。泡制1个月，即可食用。

4. 产品特点

色泽微黄，鲜脆咸香，辣中带甜。

（二）泡腌甜蒜

1. 产品配方

白皮青蒜头5kg，米醋2kg，白糖1.5kg，酱油500g，精盐4小匙。

2. 工艺流程

原料处理→入坛泡制→成品

3. 操作要点

（1）原料处理　将青蒜剥去外层老皮，用清水浸泡12h，洗净，沥干水分。

（2）入坛泡制　将精盐、白糖、米醋、酱油倒入泡菜坛内，调和均匀。再将预处理过的蒜头装入泡菜坛内，上压竹帘，勿使蒜头露出液面，泡腌30天，即可食用。

（三）泡腊八蒜

1. 产品配方

大蒜头1000g，醋500g，白糖400g。

2. 工艺流程

原料整理→泡制→成品

3. 操作要点

（1）原料整理　选一干净盛具，作为泡腊八蒜的容器，选好大蒜，去皮洗净，晾干，放入容器。

（2）泡制　大蒜先泡入醋内，再加入白糖，拌匀，置于10~15℃的条件下，泡制10天，即为成品。

4. 产品特点

酸甜辣俱全，十分可口。

（四）四川泡大蒜

1. 产品配方

大蒜 5kg，盐水 4kg，盐 500g，白酒 90g，红糖 75g，干红辣椒 60g，八角 5g，花椒 10g。

2. 工艺流程

原料整理→入坛泡制→成品

3. 操作要点

（1）原料整理　选新鲜大蒜，去外皮洗净。用盐 500g、白酒 50g 拌匀，在盆中腌 7 天，捞出沥去水分。

（2）入坛泡制　将各种调料及剩余白酒均匀放入泡菜坛中，装进大蒜，盖上坛盖。从盖边慢慢倒入盐水，以没过大蒜为准，泡制 1 个月，即可食用。

4. 产品特点

味道甜辣。

（五）北京泡糖蒜

1. 产品配方

鲜大蒜头 100kg，白砂糖 50kg，食盐 6.8kg，食醋 1.2kg，桂花 0.6kg。

2. 工艺流程

原料选择→整理、清洗→盐腌→浸泡→晾晒→汤汁配制→装坛→滚坛→成品

3. 操作要点

（1）原料选择　选用肉质细嫩、蒜头直径 3cm 以上的紫皮蒜为原料，俗称"六大瓣"，采收期以夏至前四五天为宜，其蒜皮白，肉质嫩，辣味小。若采收过早，蒜头水分大、蒜瓣小，而采收过晚，蒜皮变红、质地变老、辛辣味重，会影响后续加工产品品质。剔除有病虫害、严重机械伤害和成熟度不适的蒜头。

（2）整理、清洗　剪去茎叶，保留 1.5cm 长的假茎，剥除蒜外表老皮，留嫩皮，削去须根，根盘要削平削净不出凹心，不损伤蒜肉，然后用清水将蒜头洗净。

（3）盐腌　将洗净的蒜头与食盐按 100∶5 的配比，一层蒜头撒一层食盐放入缸内进行盐腌，每层加盐后，少洒些水，以促使盐溶化。盐腌可保持蒜皮整齐不烂、蒜瓣不散，常称之"锁口盐"。盐腌过程中，每天翻缸 2 次，连续 3 天，

待盐全部溶化后即可。

（4）浸泡　将经盐腌的蒜头捞出，放入水中浸泡。蒜与水的比例为1：3，待第3天水面冒出小泡时开始换水，每天换水1次，一般换6次或7次，时间7天或8天，等蒜头全部下沉冒出气泡为止，以脱除蒜头的辛辣味和浊气。

（5）晾晒　将泡好的蒜捞出，蒜茎朝下堆码在苇席上，每3h或4h翻动1次，晒至外皮有韧性即可。

（6）汤汁配制　按每100kg蒜头需清水12kg、食盐1.8kg、食醋1.2kg配制汤汁，并加入白糖，煮沸晾凉后备用。

（7）装坛　将菜坛刷洗干净，按配料一层蒜一层糖装入坛内，再按比例灌入配好的汤汁，然后用塑料薄膜和白布将坛口扎紧封好。

（8）滚坛　装坛后，每天滚坛2次或3次，2天后打开坛口，换进新鲜空气，排出辛辣浊气味。以后每当封口塑料薄膜鼓起来就要放气1次。一般放气都在当日晚上打开坛口，次日早晨封口，打开坛口约6h左右。20天后，每天滚坛1次或2次，再过30天可隔1天滚坛1次。在蒜成熟前6天或7天加入桂花，以增进风味。一般处暑季节即可成熟为成品。成熟期共计约60天。

4. 产品特点

甜酸为主，略带咸味，口感脆嫩，解腻开胃。

5. 注意事项

① 糖蒜应在阴凉、干燥的条件下储存，防止阳光暴晒或温度过高。

② 应经常保持坛口良好的密封条件，防止因封口不严受潮或进入不干净的水，而引起糖蒜的软化、腐败、变质。

（六）泡白糖蒜

1. 产品配方

鲜大蒜100kg，白砂糖50kg，食盐11kg。

2. 工艺流程

原料整理→盐渍→泡蒜→晾干→糖渍→成品

3. 操作要点

（1）原料整理　先将鲜蒜头的外层老皮剥去，保留嫩皮。剪去过长的茎，保留长度1.5cm左右，切平茎盘。将蒜头按大小分级。

（2）盐渍　每100kg鲜蒜用盐6kg。按一层蒜一层盐，下少上多的方法进行盐渍。经12~18h后开始转缸，每天转缸1次，灌入原卤。遇天气闷热时，早、晚各转缸1次，每次转缸完毕，要将蒜的中部扒成凹塘，以便散热，并集聚菜卤。午后，再用塘内菜卤回淋蒜头。6 天或 7 天后即可。

（3）泡蒜 经盐渍过的蒜头用 3 倍的清水浸泡，3 天后开始换水，以后每天换水 1 次，打耙 1 次。其间换水 6 次，浸泡 8 天或 9 天即可。

（4）晾干 将泡好的蒜头捞出沥去余水。摊放在室内席上，晾至无明水。然后，撕掉浮皮，蒜头摊放厚度不得超过 5cm。晾干 8～12h 即可。

（5）糖渍 每 100kg 咸蒜坯，用水 20kg，溶解食盐 5kg，加热至 100℃，即配成盐卤。冷却备用。将空坛洗刷干净，沥干明水。每 100kg 蒜坯加白砂糖 50kg。一层蒜一层糖装入坛内，装至七成满，灌入冷却的盐卤，扎紧坛口，放在阴凉通风处，使坛斜卧在方木上，坛身与地面成 15°夹角。每天滚坛 2 次，每次滚 2 圈或 3 圈。7 天以后每天滚坛 1 次，一个月以后每 3 天滚坛 1 次。其间，每天夜间开坛放气 1 次，60 天后停止滚坛，再经 2 个月，即为成品。

4. 产品特点

咸甜适度，蒜香突出，质地脆嫩。

5. 注意事项

装坛应当装满，否则容易长膜生花。

（七）泡咸蒜头

1. 产品配方

鲜大蒜 100kg，食盐 10kg，10.6 波美度（°Bé）的盐水 5kg。

2. 工艺流程

原料整理→浸泡→腌制→装坛→成品

3. 操作要点

（1）原料整理 将鲜大蒜剪去多余的蒜薹（留 3cm 长），同时削除蒜头茎盘的根须（削除根须不宜太多，防止破瓣），剥除表面的皮，保持蒜头光洁。

（2）浸泡 鲜蒜处理后放入缸内，加等量的清水，漫头浸泡 4～5h，浸泡时要间歇性轻度搅拌，以利于洗去蒜头表面泥土和吸收水分，有利于保证盐渍咸大蒜头质量的均匀一致。

（3）腌制 将浸泡后的鲜蒜头取出沥水，先洒盐水，然后再撒食盐。要求一层蒜一层盐，层层均匀地腌制。鲜蒜盐渍后，应每天早、晚各翻拌倒缸 1 次。腌蒜后的前 5 天，在每次翻蒜后，需在中间拨开一个洞穴，以利腌蒜渗卤与透气。腌蒜后的第 6 天至第 9 天，翻蒜后堆成斜坡状。每天浇卤 2 次，可促使盐渍均匀，保证成品质量。腌渍 10 天。

（4）装坛 将咸蒜连卤装入预先洗涤干净的坛内。装坛时宜用木棒层层压实。装坛后，需浸满原卤，坛口再用蒜皮、篾片卡紧，外层用稻草捆紧，泥土封口，并将坛子就地卧倒，每天滚动 2～3 次，使卤汁均匀渗透。4 天后将坛子倒置阴凉处，经 30 天，即为成品。

4. 产品特点

咸香适度，质地脆嫩。

5. 注意事项

① 用木棒压实时，要轻而均匀，否则用力过大，易将蒜头压散，形成破瓣。
② 装坛应当装满，否则容易变质。

(八) 泡香蒜瓣

1. 产品配方

大蒜 1kg，香醋 100g，红糖 20g，盐适量，桂花少许。

2. 工艺流程

原料处理→泡菜水制备→泡制→成品

3. 操作要点

(1) 原料处理　将鲜蒜掰成瓣，去老皮，放入清水中浸泡 24h，中间换水 3 次，以减少大蒜的辛辣气味，捞出沥水晾干。

(2) 泡菜水制备　锅置火上，放入适量的清水、红糖、香醋、桂花和盐，煮沸，关火晾凉。

(3) 泡制　取 1 个带盖大口玻璃瓶，用开水消毒后沥干水分，倒入泡菜水。并将预处理过的蒜瓣也装入瓶内，泡菜汁没过蒜瓣为宜。盖紧盖，泡制 30 天左右，即可食用。

4. 产品特点

酸香可口，佐餐佳品。

(九) 泡糖醋鲜蒜

1. 产品配方

鲜蒜头 5kg，白糖 500g，精盐 400g，醋 125g。

2. 工艺流程

原料处理→入坛泡制→成品

3. 操作要点

(1) 原料处理　将鲜蒜头用水浸泡 4 天左右，每天换水 2 次，捞出沥干水分。将大蒜头放入容器中，用精盐腌渍，每天翻动 1 次，2 天后捞出晒干。

（2）入坛泡制　将鲜蒜头和白糖一层隔一层放入泡菜坛中，2 天后加入醋，每 3 天翻动 1 次，密封浸泡 30 天，即可食用。

4. 产品特点

色泽黄褐，透明嫩脆，酸甜味浓。

（十）泡甜脆大蒜

1. 产品配方

鲜蒜 5kg，白糖 2kg，精盐 100g。

2. 工艺流程

原料处理→泡制→成品

3. 操作要点

（1）原料处理　将鲜蒜剥去老皮，码入干净的小坛内，一层蒜撒一层精盐。5kg 蒜先撒 60g 精盐，最后在上面浇上 150g 清水。如此腌泡 12h 后往蒜坛里加入能淹没蒜的清水。3 天之后，每天换 1 次水，连续换 7 天，以除去蒜中的辣味。

（2）泡制　将蒜捞出，放入一个净盆内，撒入白糖，并用手将白糖均匀地揉搓在蒜上，然后把蒜装入坛中。每装一层蒜，再撒些白糖，直至将白糖撒完。锅置火上，放入 500g 清水和剩余的 40g 精盐，熬开后晾凉，慢慢倒入坛内。用两层纱布盖坛口，并用细绳扎紧，放置室内阴凉处，泡制 50 天后，即可食用。

4. 产品特点

脆嫩可口，味美，解腻开胃。

（十一）泡甜蒜薹

1. 产品配方

鲜蒜薹 4kg，老盐水 1.2kg，白酱油 1kg，红糖 800g，新盐水 600g，白糖 600g，醋 600g，精盐 120g，干红辣椒 40g，白酒 20g，香料包（内含花椒、八角、桂皮和小茴香各 10g）1 个。

2. 工艺流程

原料处理→入坛泡制→成品

3. 操作要点

（1）原料处理　选新鲜无破皮的鲜蒜薹，去须尾后洗净，晒蔫后用盐水泡 5 天，捞起晾干表面的水分。

（2）入坛泡制　将白糖、醋、盐水、精盐、白酱油、干红辣椒、白酒和红糖一同放入盆内调匀后装入坛内，加入蒜薹及香料包，用石头压紧，盖上坛盖，添足坛沿水，泡 15 天，即可食用。

4. 产品特点

色泽蜡黄，味道甜香，质地脆嫩。

（十二）泡焯蒜薹

1. 产品配方

蒜薹 5kg，白糖 250g，醋 150g，精盐 100g。

2. 工艺流程

原料处理→入坛泡制→成品

3. 操作要点

（1）原料处理　将蒜薹择洗干净，切成 3cm 长的条段，用沸水焯去辣味，捞出晾去表面的水分。

（2）入坛泡制　将蒜薹放入干净的泡菜坛内，加入白糖、醋、精盐和能淹没蒜薹的凉开水，泡至入味，即可食用。

4. 产品特点

甜酸嫩脆，味美适口。

（十三）泡糖醋蒜薹

1. 产品配方

蒜薹 5kg，白糖 1.5kg，精盐 750g，醋 250g。

2. 工艺流程

原料处理→泡制→成品

3. 操作要点

（1）原料处理　将鲜蒜薹择洗干净后沥干水分，切成 2cm 长的条段，装入坛中，撒上精盐拌匀后腌 6 天左右（每天翻动 1 次，连续翻动 5 天），捞出沥干水分。

（2）泡制　锅置火上，放入白糖和适量的清水烧沸，使白糖全部溶解于水中，离火凉透后加入醋调匀成糖醋液，与蒜薹一起放入干净的泡菜坛内，浸泡 20 天左右，即可食用。

4. 产品特点

色鲜形美，红中显绿，甜酸味香，清香诱人，脆嫩可口，生津开胃。

（十四）泡咸辣蒜薹

1. 产品配方

蒜薹 5kg，精盐 500g，鲜姜 100g，鲜辣椒 100g，白酒 50g。

2. 工艺流程

原料处理→入坛泡制→成品

3. 操作要点

（1）原料处理　将鲜蒜薹择洗干净，放入开水中焯一下，捞出后沥干水分。

（2）入坛泡制　将生姜、鲜辣椒、白酒和精盐放入泡菜坛中搅拌均匀，放入焯好的蒜薹浸泡 30 天左右，即可食用。

4. 产品特点

咸辣可口，四川风味。

二、笋

（一）泡高笋

1. 产品配方

新鲜高笋 10kg，一等老盐水 10kg，食盐 1kg，干红辣椒 200g，红糖 200g，白酒 120g，香料包 1 个。

2. 工艺流程

原料处理→入坛泡制→成品

3. 操作要点

（1）原料处理　将新鲜高笋去掉老皮和粗老部分，洗净，腌制 3～4 天后捞起，晾干附着的水分。

（2）入坛泡制　将各料调匀装入泡菜坛内，放入高笋及香料包，用篾片卡紧，盖上坛盖，添足坛沿水，泡制 7 天，即可食用。

4. 产品特点

色泽微红，脆香鲜嫩。

5. 注意事项

装坛时注意装满压实，并注意添足坛沿水。

（二）泡春笋

1. 产品配方

春笋 10kg，食盐 500g，料酒 300g，辣椒面 300g，八角 50g，桂皮少许。

2. 工艺流程

原料整理→加料煮制→入坛泡制→成品

3. 操作要点

（1）原料整理　将春笋洗净，用不锈钢刀切成2瓣或4瓣。

（2）加料煮制　将春笋放入盐水（所取清水以淹没春笋为宜，加入食盐）中煮沸，再加入八角、桂皮、料酒等煮0.5h左右，去浮沫，连汤带笋倒入盆中凉透。

（3）入坛泡制　取泡菜坛，往其内倒入凉透的原料，加辣椒面，注意汤水不能过多，以刚好淹没菜体为宜。盖好坛口，泡制7天后，即可食用。食用时可根据需要进行改刀。

4. 产品特点

脆嫩爽口，增进食欲。

5. 注意事项

① 装坛时注意装满、压实。

② 原料应当洗净。

③ 坛沿应当时时保持有水。

（三）泡冬笋

1. 产品配方

新鲜冬笋10kg，一等老泡菜水10kg，食盐1kg，干红辣椒200g，红糖200g，白酒100g。

2. 工艺流程

原料处理→装坛泡制→成品

3. 操作要点

（1）原料处理　将新鲜冬笋削去外壳和粗老部分，洗净，晾干附着的水分。

（2）装坛泡制　将配料装坛，放入冬笋，用竹片卡紧，盖上坛盖，添足坛沿水。泡制30天，即为成品。

4. 产品特点

颜色橙黄，鲜脆咸香。

5. 注意事项

① 削笋尖外壳时尤应仔细，勿伤笋肉或将其折断。

② 装坛时应当装满、卡紧、压实。

（四）泡笋尖

1. 产品配方

笋尖 2kg，盐 600g，朝天椒 100g，野山椒 100g，蒜 100g。

2. 工艺流程

原料处理→泡菜水制备→入坛泡制→成品

3. 操作要点

（1）原料处理 将笋尖洗净，入开水锅，焯透，晾凉备用。将蒜去皮、洗净。

（2）泡菜水制备 将盐、凉开水、朝天椒、野山椒一起拌匀制成泡菜水。

（3）入坛泡制 准备好大小合适的泡菜坛，洗净，并用料酒过一遍，然后倒入泡菜水，再将笋尖、蒜头加入。密封坛盖，泡制 15 天后，即可取出切片食用。

4. 产品特点

质地脆嫩，咸辣爽口。

5. 注意事项

① 笋尖选用冬笋尖最佳。

② 因鲜笋中含草酸量较高，故泡制前建议先用焯水等方法处理。

（五）泡鲜笋

1. 产品配方

鲜青笋 500g，姜丝 5g，精盐 4 小匙，白糖 2 大匙，朝鲜族辣椒 2 小匙，料酒 2 小匙，白酒 1 大匙，白醋 1 小匙。

2. 工艺流程

原料处理→装坛泡制→成品

3. 操作要点

（1）原料处理 将鲜青笋剥壳，切去根部，去皮，用水洗净，切成滚刀块。锅内放入清水烧沸，放入切好的笋块，焯透捞出，用凉开水投凉。

（2）装坛泡制 将预处理过的笋块装入泡菜坛内，加入适量凉开水和精盐、料酒、白酒、姜丝、白醋、朝鲜族辣椒、白糖，泡腌 10h，即可食用。

（六）泡酸笋块 I

1. 产品配方

洗净、去皮的毛竹笋 100kg，10％的食盐水 100kg。

2. 工艺流程

原料整理→浸泡→盐渍→成品

3. 操作要点

(1) 原料整理   选用老嫩适中的竹笋为原料，剔除粗老或过大过小的笋。将竹笋平放在木板上，切去笋的木质化茎部，然后割破笋壳，剥掉，纵向切成3～4块，每块重约0.25kg。

(2) 浸泡   将笋块及时放入清水中浸泡，以防笋肉变老。

(3) 盐渍   将笋块置于泡菜缸（池）内，灌入含盐量10%的食盐水，压紧笋块，使液面淹没过菜体10cm左右。置阴凉处，自然发酵4天，即为成品。

4. 产品特点

色泽乳白，有鲜笋的清香气。滋味酸咸，质地清脆爽口。

5. 注意事项

① 竹笋应当新鲜、无病虫害。

② 装缸时，应当装满压实。

(七) 泡酸笋块Ⅱ

1. 产品配方

冬笋块5kg，精盐450g。

2. 工艺流程

原料整理→入坛泡制→成品

3. 操作要点

(1) 原料整理   将老嫩和大小均适中的冬笋平放在木板上，用刀切除老根部位，最好能恰好切出光滑的笋节，再用刀削去笋的尖端，笋的纵向用刀划一条缝至笋肉部位，用手剥掉笋壳。再把笋纵向劈作4瓣，切成笋块，投入清水中浸泡，以防笋肉变老变质。

(2) 入坛泡制   在菜盆内放入4kg凉开水，加入精盐进行搅拌，使精盐迅速溶化。这时，将笋块平铺在泡菜坛内，立即灌进盐水，用竹片卡紧，盖上坛盖，让笋自行发酵，泡制4天左右，即可食用。

4. 产品特点

口味酸咸，清脆爽口，广东风味。

(八) 怪味山椒笋

1. 产品配方

嫩竹笋500g，野山椒水250g，姜末15g，葱末15g，精盐2小匙，味精1

小匙。

2. 工艺流程

原料处理→泡制→成品

3. 操作要点

（1）原料处理　把竹笋去根，剥去外皮，对剖成两半，再修切整齐，放入清水中浸泡以去掉涩味。净锅置火上，放入清水烧至沸，放入竹笋条汆烫至熟，捞出，放入冷水中漂凉。

（2）泡制　将野山椒水、精盐、味精、姜末、葱末混合拌匀，调成泡菜味汁。然后，将预处理过的竹笋条浸泡于泡菜味汁中，泡至入味（约 24h），即可食用。

4. 产品特点

清香适口，兼具咸辣。

（九）泡腌莴笋

1. 产品配方

莴笋 5kg，精盐 500g，20％浓度的盐水适量。

2. 工艺流程

原料整理→入坛泡制→成品

3. 操作要点

（1）原料整理　将鲜莴笋去皮和老根后洗净。

（2）入坛泡制　一层莴笋一层精盐地装入干净的泡菜坛内，泼洒浓度为 20％的盐水（与莴笋一样平为宜），顶部压上重物。第 2 天翻动 1 次，以后每隔 2 天或 3 天翻动 1 次，共翻动 5 次。泡制 20 天左右，即可食用。

4. 产品特点

嫩脆咸香，味美适口。

（十）泡辣莴笋

1. 产品配方

莴笋 2kg，盐 300g，白酒 40g，干尖椒 20g，红糖 10g，醪糟 10g，香料包（内含八角、桂皮等）1 个。

2. 工艺流程

原料处理→入坛泡制→成品

3. 操作要点

（1）原料处理　莴笋去叶，削皮洗净后，切段，放入淡盐水中浸泡 2h，捞起晾干水分。

（2）入坛泡制　将盐兑 1100mL 凉开水，并将红糖、干尖椒、白酒、醪糟放入泡菜坛中调匀，再放入莴笋及香料包，用竹片卡紧，盖上盖，添足坛沿水。泡制 2 天，即可食用。

三、藕

（一）泡鲜藕

1. 产品配方

鲜藕 10kg，一等老盐水 10kg，红糖 100g，白菌 50g。

2. 工艺流程

原料处理→泡制→成品

3. 操作要点

（1）原料处理　选择鲜藕的柔嫩部分洗净，从节缝处切断，要求切面不露孔，以保持原状。放入坛内，倒入一等老盐水，腌 2 天后捞出，晾干。

（2）泡制　再将各物料拌匀装入坛内，放入藕节，用竹片卡紧，盖上坛盖，添足坛沿水。泡制约 10 天，即可食用。

4. 产品特点

色泽微黄，质地脆嫩。

5. 注意事项

① 改刀时要保持藕节的完整性，即切面不露孔，以保持原状。

② 刀具应当是不锈钢刀。加工过程中不要用铜铁器具，以防止产品变黑。

③ 装坛时应当装满压实，并注意添足坛沿水。

（二）泡莲藕

1. 产品配方

莲藕 750g，红椒 40g，枸杞子 20g，精盐、米醋、白糖、番茄酱各适量。

2. 工艺流程

原料处理→腌泡料制备→入坛腌泡→成品

3. 操作要点

（1）原料处理　莲藕去皮，洗净，切成片，再放入沸水锅中焯熟，捞出冲凉，沥干水分。红椒洗净，去蒂及籽，切成方丁。枸杞子洗净。

（2）腌泡料制备　将白糖、米醋、番茄酱、精盐、枸杞子放入碗中拌匀，制成腌泡料。

（3）入坛腌泡　将藕片、红椒丁一层一层地码入泡菜坛中，层与层之间均匀涂抹腌泡料，置于阴凉处腌渍 24h，然后放入冰箱冷藏。随时食用随时取。

4. 产品特点

色泽美观，脆香爽口。

5. 注意事项

① 莲藕选新出池、无病虫害的为好，并去根须。

② 腌泡时不可见油污和生水。

③ 坛口密封要严，以保证泡藕的质量。

（三）泡藕片Ⅰ

1. 产品配方

藕 5kg，白糖 500g，生姜片 100g，盐适量。

2. 工艺流程

原料处理→入坛发酵→成品

3. 操作要点

（1）原料处理　将藕洗净，削去外皮，切成三角片，投入沸水锅中焯一下，再捞出放入凉水中泡一下后，取出晾晒 1 天。

（2）入坛发酵　将晾晒后的藕拌入白糖和生姜片、盐，装入坛内自然发酵，封严坛口。10～15 天后，即可食用。

4. 产品特点

南方风味，香甜可口。

5. 注意事项

① 莲藕选新出池、无病虫害的为好，并去根须。

② 发酵时不可见油污和生水。

③ 坛口密封要严，以保证泡藕的质量。

（四）泡藕片Ⅱ

1. 产品配方

白莲藕 2kg，老盐水（若无，用浓度为 25％的盐水代替）2kg，红糖 20g，白菌 10g。

2. 工艺流程

原料处理→入坛泡制→成品

3. 操作要点

（1）原料处理　选新鲜、肥厚、质嫩的白莲藕洗干净，从节缝处切断（注意切面不要露孔，不用生锈刀切），放入坛内，倒入老盐水腌 2 天后捞出，晾干，切成片。

（2）入坛泡制   将红糖、白菌放入盐水坛调匀，再放入白莲藕片，用竹片卡紧，盖好坛盖，添足坛沿水。泡制 7 天，即为成品。

4. 产品特点

鲜香脆甜，清爽可口。

5. 注意事项

① 原料应当洗净。

② 装坛时注意装满、压实。

③ 坛沿应当始终保持有水不干。

（五）泡酸甜莲藕Ⅰ

1. 产品配方

莲藕 5kg，白糖 1.5kg，盐 500g，醋 500g，生姜 15g，八角 8g。

2. 工艺流程

原料处理→入坛泡制→成品

3. 操作要点

（1）原料处理   将莲藕去皮，洗净，切片，用盐腌 1h，压干水分。

（2）入坛泡制   再将其他配料，如白糖、生姜、八角等放在水锅内，升火煮沸约 5min，停火，晾凉后，同莲藕一起倒入泡菜坛内。泡制约 5 天后，即可食用。

4. 产品特点

南方风味，酸甜可口。

5. 注意事项

① 莲藕选新出池、无病虫害的为好，并去根须。

② 泡制时不可见油和生水。

③ 坛口密封要严，以保证泡藕的质量。

（六）泡酸甜莲藕Ⅱ

1. 产品配方

莲藕 5kg，白糖 1.5kg，白醋 500g，盐 150g，玫瑰露酒 150g，生姜 15g，八角 8g，鲜柠檬 8 个。

2. 工艺流程

原料处理→泡卤制备→入坛泡制→成品

3. 操作要点

（1）原料处理　新藕去皮洗净切片，用盐腌 1h，压干水分。鲜柠檬榨汁待用。

（2）泡卤制备　将白糖、盐、生姜、八角放入锅中，加入适量清水，煮沸约 5min，晾凉后加入白醋、柠檬汁、玫瑰露酒兑成泡卤。

（3）入坛泡制　将泡卤倒入泡菜坛内，加入预处理过的藕片。密封泡菜坛，泡约 7h 后，即可食用。

4. 产品特点

酸甜味型，清爽适口。

5. 注意事项

① 莲藕选新出池、无病虫害的为好，并去根须。

② 泡制时不可见油和生水。

③ 坛口密封要严，以保证泡藕的质量。

④ 本品宜现吃现泡，不可久贮。

四、姜

（一）泡嫩生姜

1. 产品配方

嫩姜 5kg，食盐 1kg。

2. 工艺流程

原料整理→入坛泡制→成品

3. 操作要点

（1）原料整理　将鲜姜去皮，洗净，晾干。

（2）入坛泡制　将去皮鲜姜放入泡菜坛内，重物压紧。再取 1.5kg 凉开水和食盐混合，待盐溶化后倒入坛内。盖好坛盖，并在坛口的水槽里加满凉水。泡制 10 天后，即可食用。

4. 产品特点

麻辣而咸，口感嫩脆，咸香味美。

（二）泡川子姜

1. 产品配方

新鲜子姜 5kg，盐水 5kg，精盐 250g，鲜小红辣椒 250g，白酒 100g，红糖 50g，香料包（内含花椒、八角、桂皮和小茴香各 10g）1 个。

2. 工艺流程

原料处理→入坛泡制→成品

3. 操作要点

（1）原料处理　先将新鲜子姜刮掉粗皮，去姜嘴和老茎后洗净，放在净水中泡 3 天，捞起来后放在阳光下晾干表面水分。另将红糖 25g、精盐和白酒放入菜盆内搅匀。

（2）入坛泡制　将鲜小红辣椒垫在泡菜坛的底部，加入一半子姜时，再放入余下的红糖和香料包，继续装余下的子姜，倒入均匀的盐水，再用竹片在姜上面卡住，使姜不会移动和漂浮。盖上坛盖，添足坛沿水，泡制 7 天左右，即可食用。

4. 产品特点

色泽微黄，鲜嫩清香，微辣带甜，四川风味。

（三）甜脆姜片

1. 产品配方

生姜 4kg，白糖 300g，精盐 150g。

2. 工艺流程

原料处理→入坛腌渍→成品

3. 操作要点

（1）原料处理　将生姜片去皮后洗净，切成大薄片，拌入白糖和精盐。

（2）入坛腌渍　将拌好的菜料放入泡菜坛内，密封坛口。腌渍 7 天左右，即可食用。

4. 产品特点

香甜俱存，脆嫩可口。

（四）桂花生姜

1. 产品配方

嫩生姜 1kg，蜂蜜 200g，凉开水 130g，白糖 100g，盐 80g，桂花 20g。

2. 工艺流程

原料处理→入坛泡制→成品

3. 操作要点

（1）原料处理　将嫩生姜去皮，洗净，用盐腌 10 天后，捞出晒干，切成薄片。

（2）入坛泡制　把白糖放入锅内熬化，当起白沫时加入蜂蜜和凉开水搅匀后，再撒入桂花。待制成的桂花糖浆冷却后，加进生姜片，拌匀入坛，浸泡 15 天，即为成品。

4. 产品特点

色泽金黄透明，甜蜜辛香，风味独特。

5. 注意事项

① 使用鲜桂花，不可太老，以盛放时的桂花为好。

② 蜂蜜的质量也要好些，若质量不佳，可先熬煮，去除杂质。

（五）五味姜片

1. 产品配方

生姜 1kg，盐 100g，米醋 50g，甘草 30g，桂皮 20g，八角 5g，茴香 3g。

2. 工艺流程

原料处理→入坛泡制→成品

3. 操作要点

（1）原料处理　将生姜去根须，刮去外皮，用清水洗净沥干后，用盐腌渍 3 天。然后，将盐水沥去，姜晒半天后，切成小片，并用刀背将姜片打成薄片，用清水漂洗 1 遍，捞出在阳光下晒干。

（2）入坛泡制　将桂皮、八角、茴香、甘草加 80g 水，熬成卤汁，加入米醋，把处理过的姜浸入卤汁中，泡制 2 天，捞出晾干，即为成品。

4. 产品特点

兼具咸、酸、辣，味道丰富，开胃驱寒。

5. 注意事项

用刀背将姜片拍扁成薄片，用清水漂洗 1 遍，主要是为了去掉姜的辣味，以保证后续成品的纯正风味。

（六）泡洋姜片

1. 产品配方

洋姜 5kg，盐 800g，辣椒 500g，五香粉 100g，陈皮 80g，花椒 8g，生姜片 5 片，老盐水适量。

2. 工艺流程

容器准备→原料处理→拌料入坛→泡制→成品

3. 操作要点

（1）容器准备　预备好泡菜坛子，里外洗净，开水消毒，内壁擦干。

（2）原料处理 选好洋姜，去皮，洗净，切片，晒成半干。

（3）拌料入坛 将姜片与五香粉、辣椒、花椒、生姜片等调料拌匀，将拌好的菜料装入泡菜坛中。

（4）泡制 往坛内添加老盐水，淹没过菜料，密封坛口。泡制 30 天后，即可食用。

4. 产品特点

麻辣鲜香，佐餐调味良品。

5. 注意事项

泡制 30 天时，把陈皮拣除。

五、藠头

（一）酸藠头

1. 产品配方

鲜藠头 100kg，食醋 20kg，食盐 17kg，9％的盐水 5kg。

2. 工艺流程

原料整理→腌制→浸泡→成品

3. 操作要点

（1）原料整理 将鲜藠头洗去泥沙及黏液，剪去须根及尖端假茎。

（2）腌制 每 100kg 藠头用食盐 17kg。洗涤过的藠头应立即下缸腌渍。按一层菜一层盐，下少上多的方法腌渍，缸满后按 100kg 藠头加含盐量为 9％的盐水 5kg，用喷壶喷洒在藠头面上，喷水后表面再加一层食盐，第二天在缸中间挖一个凹塘，将缸底部盐卤舀起，淋浇在藠头面上，每隔 4h 淋浇一次，连续 3 天。第 4 天捞出、沥卤，100kg 鲜藠头可得 80kg 左右的咸坯。

（3）浸泡 将咸坯藠头倒入食醋中，食醋重量占咸坯重量的 5％。装至距离缸口 16～18cm 处为止。然后再灌进食醋，用量为每 100kg 咸坯添加食醋 13～18kg，压紧补加食醋漫过菜体 9～10cm，10 天后每 100kg 藠头加 0.5kg 食盐。浸泡 100 天，即为成品。

4. 产品特点

色泽米黄，有光泽。咸酸适口、微有甜味。有挥发酸香气。颗粒饱满、质地脆嫩。

5. 注意事项

① 藠头要求颗粒大，饱满，无青头，无机械伤害，无病虫害。

② 装缸、装坛后均应尽量压紧。

（二）甜酸藠头

1. 产品配方

鲜藠头 100kg，白砂糖 22kg，食盐 9kg，柠檬酸、冰醋酸适量。

2. 工艺流程

原料整理→分级→盐渍→修整→脱盐→加糖发酵→漂洗→糖制→成品

3. 操作要点

（1）原料整理　剪去藠头的须根及地上茎，保留地上茎不超过 2cm，切忌堆积发热，产生黄心。将藠头用清水洗去泥沙、老皮、黏液及其他杂质。

（2）分级　在洗涤的同时，用分粒筛将藠头分成大、中、小粒和等外粒四种。大粒粒重在 3.4g 以上，中粒粒重在 2.2g 以上，小粒粒重在 1.5g 以上，不足 1.5g 者为等外粒。分别进行加工。

（3）盐渍　每 100kg 修剪洗涤后的藠头用食盐 9kg 盐渍。盐渍时，铺一层菜，撒一层盐，每层菜厚度 16cm 左右。容器下半部用盐量为 40％，上半部用盐量为 60％。满缸后，每天转缸（池）一次，灌入原卤。连续转缸（池）4～5 次。以后每 3 天转缸（池）1 次，经 15 天而成咸坯。

（4）修整　将盐渍过的藠头咸坯逐个修剪，茎端从膨大部分切断，根端将鳞茎盘切去。剥去残余老皮及青头鳞茎。同时，按上述分级标准，用手工再分级一次，要求 95％的颗粒都符合标准。

（5）脱盐　将咸坯用 1.5 倍清水浸泡，每天换水 2 次，轻盐渍的浸泡时间短，重盐渍的浸泡时间长。在浸泡期间，每天上午、下午各检测一次。直至含盐量为 5％即可出缸（池），沥去浮水。

（6）加糖发酵　按脱盐藠头重量的 12％加入白砂糖，搅拌均匀，入缸（池）发酵，发酵期为 20～30 天，在此期间，转缸（池）3～5 次，灌入原卤。当发酵液 pH 值不足 3 时，用冰醋酸补足。盖上塑料薄膜，储藏备用。

（7）漂洗　将糖渍过的藠头，用糖渍藠头的清液迅速漂洗一次，立即捞出，沥干清液。

（8）糖制　取白砂糖 50kg，加开水 50kg 溶解冷却澄清，然后用冰醋酸 3 份、柠檬酸 1 份，调节糖液至 pH 3。静置 2～3 天，取上清液，用七层纱布过滤，滤液即糖卤。按不同的包装装进藠头，分别加入糖卤。每一容器灌入卤重量占一次糖渍藠头重量的 30％。浸渍 20～30 天，当糖卤与藠头的含糖量及含酸量达到平衡即为成品。

4. 产品特点

色泽乳白，有晶莹感。有轻度的挥发酸及藠头的清香。甜酸可口，醇厚绵长，微咸。颗粒饱满，质地脆嫩。

5. 注意事项

① 藠头要求颗粒大，饱满，无青头，无机械伤害，无病虫害。

② 装缸、装坛后均应尽量压紧。

（三）衡阳藠头

1. 产品配方

鲜藠头 100kg，食盐 8kg，老盐卤水适量。

2. 工艺流程

原料处理→腌制→浸泡→成品

3. 操作要点

（1）原料处理　采用 8 月以前出土的藠头，先剪去残留的茎、根蒂，用洗皮机或人工脚踩，去掉藠头表面的黑皮，用清水淘洗干净，沥干水分。

（2）腌制　将沥干后的藠头分层撒盐入缸或池腌制。次日翻缸一次，腌制 4～5 天，捞出、沥干。

（3）浸泡　将老卤盐水煮沸澄清，剔去泥沙杂质，使之冷却后将沥干的盐坯藠头倒入室内另一空缸或菜池，上面用竹架石头压实，将冷却的老盐卤水倒入缸内（以盐藠头沉没为度）腌制。

4. 产品特点

湖南衡阳口味，地方特色明显。

5. 注意事项

藠头要求无青皮、破损少，质地肥嫩，大小均匀。

第三节　叶菜类泡菜加工实例

一、白菜

（一）泡白菜 I

1. 产品配方

大白菜 10kg，老盐水 5kg，新盐水 5kg，食盐 250g，黄酒 100g，红糖 60g，生姜 60g，白酒 30g，醪糟水 30g，香料包（内含干辣椒 30g，香菌 30g，八角

3g，排草 3g，草果 3g，花椒 3g）1 个。

2. 工艺流程

原料处理→配泡菜水→入坛泡制→成品

3. 操作要点

（1）原料处理 将大白菜洗净，晾晒至原重的 60％～70％。

（2）配泡菜水 将上述配方中香料包以外的佐料混合均匀，过滤，配制成泡菜水。

（3）入坛泡制 将大白菜从泡菜坛底码起，装到半坛时放入香料包，然后再放大白菜，装至离坛口 10～15cm，再将制备的泡菜水注入坛中，使之淹没菜面 3～5cm。将泡菜坛放于阴凉处，加盖密封，添足坛沿水。泡制 10 天后，即可食用。

4. 产品特点

质地脆嫩，醇香宜人，咸酸适口，微甜稍辣。

5. 注意事项

① 装坛时注意装满、压实。

② 保持坛沿水不干。

（二）泡白菜Ⅱ

1. 产品配方

大白菜 4kg，萝卜 200g，大蒜 200g，精盐 120g，辣椒 80g，冷开水适量。

2. 工艺流程

原料处理→入坛泡制→成品

3. 操作要点

（1）原料处理 选择新鲜、无病虫害的大白菜，去掉菜头和外帮，用清水洗干净，沥干水分，切成 4cm 的小方块。萝卜洗净去皮后切成片。大蒜去皮，掰成瓣。

（2）入坛泡制 用 1kg 冷开水溶化 60g 精盐，搅拌均匀后倒入坛内，将白菜和萝卜倒入盐水坛中浸泡 1～2 天。捞出白菜和萝卜，倒掉坛内的盐水。然后，再把白菜和萝卜放入坛内，码放均匀，撒上辣椒和大蒜瓣，菜料上面压上干净重物。用 1kg 冷开水溶化剩余的精盐，搅拌均匀后倒入坛内。若菜汤未淹没菜料，就补些冷开水。加盖密封，添足坛沿水。泡制 10 天左右，即可食用。

4. 产品特点

色泽微黄，味道酸辣，朝鲜风味。

5. 注意事项

坛内水要没过菜体。坛沿水要保持不干。

（三）甜酸白菜

1. 产品配方

白菜 10kg，糯米酒 5kg，凉开水 2kg，食盐 2kg，蒜苗 1.5kg，辣椒面 500g，冰糖 500g，白酒 100g。

2. 工艺流程

原料处理→揉盐→泡制→成品

3. 操作要点

（1）原料处理 挑选新鲜、无病虫害的白菜，先晾晒脱水，然后进行冲洗，沥干，并将菜叶扯下叠好，切成 3cm 左右的小块。选用肥大、新鲜的嫩蒜苗，剥去外层老皮，除掉根和茎的上部。每 10 根扎成一把，晾晒 4～5 天，切成小段。

（2）揉盐 将切好的白菜、蒜苗放入菜坛，加食盐 1kg、白酒拌匀，轻轻揉搓，使菜汁透出，然后捞出菜料放入坛中。

（3）泡制 用凉开水 2kg 将冰糖、食盐 1kg 溶化，加入辣椒面、糯米酒拌匀，装入泡菜坛内，没过白菜、蒜苗。盖上坛盖，添足坛沿水。泡制 3 个月，即为成品。

4. 产品特点

醇香突出，质地嫩脆，甜酸适口，香辣宜人。

5. 注意事项

泡菜坛内水要没过菜体。泡制过程中，保持坛沿水不干。

（四）酸白菜

1. 产品配方

白菜 100kg，食盐 3kg，凉开水适量。

2. 工艺流程

原料整理→热烫→冷却→入坛泡制→成品

3. 操作要点

（1）原料整理 挑选菜叶白嫩、包心坚实的包心白菜，切去菜根和老叶，每棵以不超过 1kg 为准（超过 1kg 的菜应纵切开）。

（2）热烫 将白菜洗净后，用手捏住叶梢，把菜梗伸进锅内沸水中，再徐徐把叶梢全部放大锅内热烫 1min。

（3）冷却　当菜柔软透明，菜梗变成乳白色时，迅速捞入冷水中冷却。

（4）入坛泡制　将处理过的白菜码入泡菜坛中（菜梗朝里，菜叶朝外，层层交叉放入），用干净重物压实。取凉开水将食盐溶化后，注入泡菜坛内，使液面没过菜面 10cm 为宜。泡制 20 天，即为成品。

4. 产品特点

口味微酸，质脆。

5. 注意事项

东北、华北地区居民，每年 11 月前后制作为宜。长江以南地区，以每年 12 月至次年 1 月制作为宜。

（五）蒜泥酸白菜

1. 产品配方

大白菜（晒坯）100kg，大蒜泥 22kg，食盐 18kg。

2. 工艺流程

原料处理→腌渍→入坛发酵→成品

3. 操作要点

（1）原料处理　将大白菜切根去杂，洗净，切成小方块，在芦席上晾晒 3～5 天，直到约为原重量的 18%，制得晒坯。

（2）腌渍　将晒过的菜坯入缸，用盐逐层腌制，再用石头压实，加上缸盖。过 4～5 天，待盐溶化后，开缸，拌入大蒜泥。蒜泥应与菜坯充分拌匀，以无菜团和蒜团为准。

（3）入坛发酵　将上述拌好的蒜泥菜坯装入泡菜坛中，用干净木棍压紧捣实，密封坛口。5～6 个月后，即为成品。

4. 产品特点

具有挥发酸和蒜泥的香气，可以消除油腻感，增进食欲。

5. 注意事项

① 菜坯与蒜泥要拌匀。

② 装坛时要压实。

（六）武汉酸白菜

1. 产品配方

白菜 10kg，食盐 0.5kg。

2. 工艺流程

原料清洗、晾晒→揉压→发酵→成品

3. 操作要点

（1）原料清洗、晾晒　将中等大小的白菜去掉黄叶及老帮后，洗净，晾晒 2 天后收回。

（2）揉压　把晾晒好的白菜与食盐逐层装入缸内，边装菜边用木棒揉压，使白菜变软，菜汁渗出，压上干净重物腌渍。第 2 天，继续揉压，使缸内菜体紧实。待几天后，缸内水分超出菜体时，即可停止揉压。

（3）发酵　在菜体上压上重物，盖上缸盖，放在空气流通处，使其自然发酵。1 个月左右，即为成品。

4. 产品特点

色泽微黄而光亮，泡菜香浓，味道微酸、清爽。

5. 注意事项

① 白菜宜选择高脚白菜（箭杆白菜）。

② 发酵时，要防止油污和生水进入缸内，以免变质。

③ 发酵初期，盐水表面会泛起一层白水泡，几天后即会消失，这是白菜在发酵过程中的正常现象。

④ 若不开坛取食，可保存 4 个月左右。

⑤ 若立冬泡制，到春节时可以食用。

（七）太原特色泡白菜

1. 产品配方

大白菜 10kg，凉开水 10kg，胡萝卜 1kg，芹菜 800g，食盐 500g，大红柿椒 300g，白酒 200g。

2. 工艺流程

原料处理→控水→配盐卤→入坛泡制→成品

3. 操作要点

（1）原料处理　将大白菜去根、去老帮，洗净切成瓣（大棵白菜可切成 4 瓣）。胡萝卜洗净刮皮，切成手指粗的条。芹菜去根去叶，洗净，切成长 10～12cm 的小段。大红柿椒洗净，在柿椒面上用干净牙签扎若干小孔，以便入味。

（2）控水　将所有菜料控干水分。

（3）配盐卤　将 10kg 清水烧开，加入食盐 500g 溶化，将盐水晾凉，倒入泡菜坛内。

（4）入坛泡制　将所有菜料放入泡菜坛，泡入盐水之中，加入白酒 200g，盖严坛口，添加坛沿水。泡制 1 周后，即可食用。

4. 产品特点

口感清脆，咸辣有味，为太原特色。

5. 注意事项

如果为了早些时间成熟，可以适当多加一些白酒。

（八）朝鲜辣白菜

1. 产品配方

大白菜 10kg，大蒜 1kg，白梨 100g，食盐 50g，辣椒面 50g，生姜 10g，香菜籽、白糖、味精各适量。

2. 工艺流程

原料整理→腌制→抹料码坛→泡制→成品

3. 操作要点

（1）原料整理　选择大棵、包心的大白菜，去掉老帮，削去青叶，去根，用清水洗 3 遍，然后整齐地放入泡菜坛中。

（2）腌制　烧盐开水（盐水浓度为 4%），晾凉倒入装白菜的坛中，把白菜淹没为止，腌 3～4 天，将白菜取出，再用清水洗两遍，控干水。

（3）抹料码坛　先把生姜、大蒜剁成泥，然后与盐、香菜籽、辣椒面一起拌成泥，取出，放少量水和味精一起再搅拌均匀。将白梨削皮，横切成大片，备用。把调料均匀地抹在每一片白菜叶上，整齐地码在腌菜坛内，放几层，铺一层白梨片。

（4）泡制　将剩余的调料加适量的水，放入少许盐，将味道调淡些，3 天之后倒入坛中，使水的高度为 20cm 左右。将泡菜坛放在地窖里，20 天左右之后，即可食用。

4. 产品特点

酸辣可口，质脆味香，增强食欲。

5. 注意事项

① 各种原料要清洗干净，装缸（坛）时应当装满压实。

② 洗净后的原料及腌制过原料都要晾干水分，否则容易变质。

③ 尽量随泡制随食用，若需长期保存，则可在泡菜水中滴几滴高度白酒。

（九）韩国辣白菜

1. 产品配方

大白菜 750g，韭菜 75g，胡萝卜 50g，大蒜 50g，精盐 2 大匙，辣椒粉 1 大匙，白糖 1 小匙，虾酱 1 小匙。

2. 工艺流程

白菜预处理→配菜预处理→腌渍→成品

3. 操作要点

（1）白菜预处理   大白菜去根和老叶，洗净，沥去水分，切成大块，放入容器内，加入精盐抓拌均匀并腌 20min，再挤干水分。

（2）配菜预处理   韭菜去根和老叶，洗净，沥干，切成长段。胡萝卜去皮，洗净，切成细丝。大蒜去皮，洗净，剁成蒜蓉，放入碗中，加入白糖、虾酱和辣椒粉调拌均匀成蒜蓉料。

（3）腌渍   取玻璃容器 1 个，擦净内外水分，先放入少许白菜块，涂抹上一层调制好的蒜蓉料，再放入韭菜段和胡萝卜丝。然后，加入适量的蒜蓉料，放入剩余的白菜块。盖上容器盖，置于阴凉处腌渍 24h，再放入冰箱中冷藏即可，随食随取。

二、青菜

（一）泡嫩青菜

1. 产品配方

嫩青菜 4kg，老盐水 2.8kg，精盐 100g，红糖 60g，白酒 40g，干红辣椒 20g，香料包（内含花椒、八角、小茴香和桂皮各 10g）1 个。

2. 工艺流程

原料处理→入坛泡制→成品

3. 操作要点

（1）原料处理   将嫩青菜叶剥开洗净，晒至菜叶稍蔫后，放入晾凉的盐开水（盐水浓度为 4%，以盐开水淹没青菜为宜）内浸泡 2 天，捞起沥干水分。

（2）入坛泡制   将老盐水、白酒、红糖、干红辣椒和精盐一同放入盆内拌匀，倒入泡菜坛内，并投入青菜搅匀，放入香料包，用竹片卡紧。盖上坛盖，添足坛沿水，泡制 6 天左右，即可食用。

4. 产品特点

脆嫩清香，佐餐小菜。

（二）泡酸青菜

1. 产品配方

嫩青菜 3kg，精盐 600g，嫩蒜薹 450g，白糖 150g，辣椒粉 150g，白酒 30g，食用碱少许。

2. 工艺流程

原料处理→泡制→成品

3. 操作要点

（1）原料处理　将嫩青菜晾晒脱水后洗净，剥下菜叶叠好，切成 3cm 长小段。选用肥大而新鲜的嫩蒜薹，剥去外层老皮，除去根和茎的上部。每 10 根捆成一把，晾晒 4 天后切成小段。将切好的青菜和蒜薹放入菜盆中，加入 300g 精盐和白酒拌匀，轻轻揉搓，使菜汁透出，然后放入坛中。

（2）泡制　用 3kg 凉开水将白糖和剩余的精盐溶解，加入辣椒粉和食用碱，拌匀后装入泡菜坛内，淹没青菜和蒜薹，盖上坛盖，添足坛沿水。每 3 天换 1 次水。泡 3 个月左右，即可食用。

4. 产品特点

味鲜脆嫩，微酸微辣，解酒解腻。

（三）泡脆青菜

1. 产品配方

嫩青菜 4kg，盐水 4kg（凉开水每 1.6kg 加精盐 400g），干红辣椒 100g，白酒 40g，精盐 25g，料酒 25g，香料包（内含花椒、八角、小茴香和桂皮各 10g）1 个。

2. 工艺流程

原料处理→入坛泡制→成品

3. 操作要点

（1）原料处理　将嫩青菜择洗干净，沥干水分。

（2）入坛泡制　将盐水、精盐、白酒和料酒一同放入容器内调匀，作为泡菜水，备用。在泡菜坛内放入干红辣椒垫底，依次加入青菜和香料包，压紧压实，倒入泡菜水（泡菜水需淹没青菜），盖上坛盖，加足坛沿水。泡制 2 天，即可食用。

4. 产品特点

鲜脆细嫩，清香爽口。

(四) 泡甜青菜

1. 产品配方

嫩青菜 3kg，糯米酒 1.5kg，精盐 600g，嫩蒜薹 450g，冰糖 150g，辣椒粉 150g，白酒 30g，食用碱少许。

2. 工艺流程

原料处理→泡制→成品

3. 操作要点

(1) 原料处理　将嫩青菜晾晒脱水后洗净，剥下菜叶叠好，切成 3cm 长小段。选用肥大而新鲜的嫩蒜薹，剥去外层老皮，除去根和茎的上部。每 10 根捆成一把，晾晒 4 天后切成小段。将切好的青菜和蒜薹放入菜盆中，加入 300g 精盐和白酒拌匀，轻轻揉搓，使菜汁透出，然后放入坛中。

(2) 泡制　用 2kg 凉开水将冰糖、食用碱和剩余的精盐溶解，加入辣椒粉和糯米酒，拌匀后装入泡菜坛内，淹没青菜和蒜薹，盖上坛盖，添足坛沿水。泡制 3 个月左右，即可食用。

4. 产品特点

甜酸微辣，脆嫩适口。

三、甘蓝

(一) 泡甘蓝Ⅰ

1. 产品配方

甘蓝 5kg，干红辣椒丝、蒜蓉、精盐、醋、白糖和味精各适量。

2. 工艺流程

原料处理→泡制→成品

3. 操作要点

(1) 原料处理　将甘蓝洗净切块，用精盐卤一下，捞出后沥净水分。

(2) 泡制　将甘蓝再与干红辣椒丝、蒜蓉、醋和白糖拌匀后装入坛中，加入适量的清水，浸泡 5~7 天，即可食用。

4. 产品特点

味甜酸辣，鲜香可口。

(二) 泡甘蓝Ⅱ

1. 产品配方

紫甘蓝 1kg，苹果 100g，胡萝卜 40g，盐 20g，香叶 1 片，胡椒粒 1g，茴香籽 1g，干辣椒 1g。

2. 工艺流程

原辅料处理→拌料、装坛→发酵→成品

3. 操作要点

（1）原辅料处理　将择洗干净的紫甘蓝切成 4～5mm 粗的丝，胡萝卜切成 4mm 左右的丝，苹果切成 4 瓣。

（2）拌料、装坛　往紫甘蓝丝、胡萝卜丝上撒盐，并与香叶、胡椒粒、茴香籽、干辣椒混在一起拌匀，然后一层苹果瓣、一层甘蓝丝装坛，直至装完，用力按实，压上重物，加盖。

（3）发酵　将泡菜坛放在温度 36～40℃处使其发酵。当紫甘蓝发酵起泡沫时，移至 1～5℃条件下冷藏保存。

4. 产品特点

酸味清口，开胃解腻。

5. 注意事项

菜料装坛时，上部要留 15～20cm 空隙，不可装得太满，以防发酵时菜汤外溢。

（三）泡甘蓝Ⅲ

1. 产品配方

紫甘蓝 10kg，食盐 250g。

2. 工艺流程

原料选择→整理、清洗→切分→装桶→发酵→成品

3. 操作要点

（1）原料选择　选用质地脆嫩、结球紧实、无病虫害的新鲜紫甘蓝为原料。

（2）整理、清洗　将紫甘蓝剥除外部的老叶、黄叶、烂叶，削除根茎，然后用清水洗净泥沙和污物，并沥干水分。

（3）切分　将经整理后的紫甘蓝切分成 1～1.5cm 宽的细丝。

（4）装桶　将紫甘蓝丝按质量比 40：1 的配比撒上食盐拌匀，逐层装入桶内，边装边用手或木棒压紧压实，装至八成满，在紫甘蓝菜坯上面用 1 个小于桶径的木制顶盖，边揉压边压紧菜丝，使被挤压出的紫甘蓝菜汁淹没顶盖。

（5）发酵　将装好紫甘蓝的木桶置于洁净凉爽（温度为 12～20℃）的室内，进行自然发酵，经 10 天左右即可成熟为成品。

4. 产品特点

色泽呈淡黄绿色，质地青翠，酸味醇和，清香爽口。

5. 注意事项

加工过程中，注意保持双手、用具等的卫生、洁净，不可有油污等进入菜中。

（四）甘蓝泡菜

1. 产品配方

甘蓝 500g，萝卜 150g，虾酱 60g，蒜泥 30g，葱段 20g，辣椒粉 4 小匙，精盐 3 大匙，白糖 1 大匙。

2. 工艺流程

原料处理→泡腌料制备→发酵→成品

3. 操作要点

（1）原料处理　甘蓝去根，洗净，沥干，切成丝，放入盐水中腌 2h，捞出。

（2）泡腌料制备　萝卜洗净切丝后，拌入辣椒粉、虾酱、精盐、白糖、蒜泥、葱段，即成泡腌调味料。

（3）发酵　将泡腌调味料均匀抹在甘蓝叶上，码入坛内，上压干净重物，腌渍 7 天后，即可食用。

（五）卷心菜泡菜

1. 产品配方

卷心菜 300g，盐水（每 60g 盐加水 480mL）适量，葱 20g，蒜 10g，粗盐 10g，青辣椒 5g，红辣椒 5g，枸杞红枣水适量。

2. 工艺流程

原料处理→泡制→成品

3. 操作要点

（1）原料处理　卷心菜洗净，切小片，均匀撒上粗盐，并加入盐水腌 20min，冲洗，沥干。青、红辣椒洗净，去蒂，切丝。蒜去皮，洗净，切片。葱去须根，洗净，切段。

（2）泡制　在枸杞红枣水（清水中加入适量枸杞子、去籽红枣煮沸 10min，晾凉）中，加入青、红辣椒丝，蒜片，葱段，以及预腌处理过的卷心菜，放入冰箱，腌渍 2 天，即可食用。

4. 产品特点

口感鲜嫩、爽脆，味道鲜美、清淡。

5. 注意事项

卷心菜由于水分较多，极易出水，所以腌渍时间不必过长，且浸泡盐水需完全盖过卷心菜表面，使菜叶均匀吸收、发酵。

（六）泡卷心菜墩

1. 产品配方

净卷心菜叶 1kg，干红辣椒丝 50g，大蒜末 50g，白糖 90g，香醋 75g，朝鲜族辣酱 100g，精盐 3 大匙，味精 1 小匙，料酒 2 小匙。

2. 工艺流程

原料处理→腌泡料制备→腌泡→成品

3. 操作要点

（1）原料处理　取卷心菜外层大叶，洗净，入沸水锅焯透，捞出沥水。

（2）腌泡料制备　将大蒜末、精盐、味精、白糖、香醋、料酒、朝鲜族辣椒混匀，为腌泡料。

（3）腌泡　取卷心菜叶平铺在案板上，抹上腌泡料，从一头卷起，然后切成 2cm 长的墩。将菜墩放入容器内，均匀撒上干红辣椒丝，盖上盖，泡腌 2 天，即可食用。

四、雪里蕻（雪菜）

（一）泡雪里蕻

1. 产品配方

雪里蕻 1kg，老盐水 700g，食盐 80g，干红辣椒 25g，红糖 15g，醪糟汁 10g，香料包（内含花椒、八角、桂皮、小茴香各 5g）1 个。

2. 工艺流程

原料处理→入坛泡制→成品

3. 操作要点

（1）原料处理　将雪里蕻去老茎，去枯叶，洗净，在日光下晒至稍干发蔫，均匀地抹上盐（1kg 雪里蕻拌 50g 盐），闷于坛中，用重物压上，1 天后取出，沥干盐水。

（2）入坛泡制　将老盐水、红糖、剩余食盐、醪糟汁、干红辣椒调匀，装入坛内，继而放入雪里蕻及香料包，用竹片卡住。盖上盖，添足坛沿水，泡制 2 天，即可食用。

4. 产品特点

味咸甜，兼具鲜香。

5. 注意事项

① 均匀地抹盐，也可在雪里蕻下坛时，一层菜撒一层盐，并用手抹一抹。

② 若长时间储存，需经常检查，并酌情加些佐料，特别是盐，防止菜变质变味。

（二）泡咸雪菜

1. 产品配方

新鲜雪菜 1kg，精盐 100g。

2. 工艺流程

原料选择→堆放→晾晒、切分→揉盐→装坛→发酵→成品

3. 操作要点

（1）原料选择　选用无虫斑、新鲜、未冰冻、无老黄叶的雪菜。

（2）堆放　将雪菜在室内堆放 24～48h，中间翻动 1～2 次。2 天后，逐棵用清水冲洗干净。

（3）晾晒、切分　把雪菜挂在干净的绳子上晾晒至萎蔫，手摸有变软的感觉时即可取下，切除老根后再切成寸段或碎末。

（4）揉盐　将碎雪菜放入干净盆内，加入精盐用手揉至雪菜出水。

（5）装坛　将雪菜装入坛中，装得越紧实越好。装至坛容积的 1/5 时停止，坛口塞上干净且控干水的稻草，将坛口塞紧。

（6）发酵　把坛子置于阴凉处，坛沿加满水。2 个月后，即可食用。

4. 产品特点

色绿味香，脆嫩爽口。

5. 注意事项

雪菜在加工前一定要去除老叶、黄叶，并洗净。

（三）鲜辣雪菜

1. 产品配方

雪菜 5kg，精盐 300g，花椒粉 100g，梨 100g，辣椒粉 50g，大蒜 50g，浓度为 10% 的精盐水适量。

2. 工艺流程

原料处理→入坛腌渍→成品

3. 操作要点

（1）原料处理　将雪菜去黄叶后洗净，浸泡在浓度为10％的盐水中。2天后，捞出来用清水冲洗，然后晾晒1天。

（2）入坛腌渍　将大蒜剥皮，梨削皮后一起捣碎成泥状，与辣椒粉、花椒粉、精盐、雪菜拌匀装入坛中，用重物压紧，封好坛口，置于阴凉处。30天左右后，即可食用。

4. 产品特点

味香脆鲜，味美爽口。

五、芹菜

（一）泡芹菜

1. 产品配方

芹菜2kg，老盐水2kg，干辣椒50g，精盐40g，红糖10g，醪糟汁10g。

2. 工艺流程

原料整理→入坛泡制→成品

3. 操作要点

（1）原料整理　把芹菜去叶，洗净，晒干附着的水分。

（2）入坛泡制　把老盐水、精盐、红糖、醪糟汁、干辣椒置于泡菜坛内，调匀，继而放入芹菜。盖上坛盖，添足坛沿水，泡制2天，即可食用。

4. 产品特点

清脆芬芳，咸辣微甜。

5. 注意事项

① 芹菜需挑选嫩的，若菜梗过长，可切成适当小段。

② 泡菜水一定要没过芹菜，否则，露在外边的芹菜可能发黄变坏。

（二）泡嫩芹

1. 产品配方

嫩芹菜500g，红椒100g，蒜蓉30g，虾酱2大匙，辣椒粉2大匙，精盐1大匙，白糖1大匙，米醋1大匙，味精1/2小匙。

2. 工艺流程

原料处理→腌泡料制备→入坛腌泡→成品

3. 操作要点

（1）原料处理　将嫩芹菜择洗干净，切成长段。红椒洗净，去蒂及籽，切成粗丝。将芹菜段和红椒丝一起装入容器中，加入精盐腌渍 50min，挤干水分。

（2）腌泡料制备　将蒜蓉、米醋、白糖、虾酱、味精、辣椒粉放入碗中，调匀成腌泡料。

（3）入坛腌泡　将预处理过的芹菜段、红椒丝一层一层地码入泡菜坛中，层与层中间均匀涂抹腌泡料，腌渍 24h，即可食用。

（三）芹菜泡菜

1. 产品配方

芹菜根 500g，芹菜叶 250g，蒜 1 头（切末），辣椒粉 10g，姜末 5g，味精 2g，盐、酱油各适量。

2. 工艺流程

原料处理→入坛腌渍→成品

3. 操作要点

（1）原料处理　将芹菜根洗净，切成 1.5cm 长的段，上屉蒸 3min 后立即取出。将芹菜叶用沸水焯一下立即捞出，用冷水过凉后，泡在冷水中。

（2）入坛腌渍　将芹菜根和芹菜叶挤干水分，与盐、酱油、味精、辣椒粉、姜末和蒜末拌匀，装入坛子里，密封后置于阴凉处储存。2 天后，即可食用。

（四）西芹泡菜

1. 产品配方

西芹 500g，大红辣椒 100g，蒜末 20g，辣椒粉 20g，白糖 1 大匙，虾酱 2 小匙，白醋 2 小匙，精盐 1/2 大匙，味精 1/2 小匙。

2. 工艺流程

原料处理→腌泡料制备→腌泡→成品

3. 操作要点

（1）原料处理　西芹去根和老皮，洗净，切成 3.5cm 长的粗丝，加入精盐拌匀，腌 20min，再挤去水分。大红辣椒去蒂，去籽，洗净，切成丝。

（2）腌泡料制备　将蒜末、白醋、白糖、味精、虾酱、辣椒粉放入容器中调拌均匀成腌泡料。

（3）腌泡　将西芹丝、大红辣椒丝与腌料拌匀，密封后置于阴凉处，腌泡 2 天，即可取出食用。

六、其他

(一) 泡香菜

1. 产品配方

香菜 100kg，食盐 10kg，凉开水适量，花椒少许。

2. 工艺流程

原料整理→入缸泡制→成品

3. 操作要点

(1) 原料整理　把香菜根、黄叶去掉，洗净晾干待用。

(2) 入缸泡制　把香菜码入缸内，上面用重物压实。取同重量的凉开水，将食盐溶化，并加入花椒，待冷却后，将盐水注入泡菜缸内，确保液面淹没香菜，盖盖。泡制 15 天，即可食用。

4. 产品特点

色泽深绿，香气浓郁。

5. 注意事项

① 食盐必须全部溶解。

② 香菜必须完全浸泡在盐水之中。

(二) 泡油菜

1. 产品配方

青油菜心 1kg，盐水 1kg，盐 20g，泡子姜 20g，泡蒜头 20g，泡红椒 20g，白酒 10g，香料包 1 个。

2. 工艺流程

原料整理→入坛泡制→成品

3. 操作要点

(1) 原料整理　选鲜嫩的青油菜心，去根洗净，晾干待用。

(2) 入坛泡制　将盐水与盐、白酒一同放入泡菜坛内调匀，依次加入香料包、泡子姜、泡蒜头、泡红椒、油菜心，压紧，密封坛口。泡制 2 天，即可取出食用。

4. 产品特点

色绿质嫩，清香可口。

5. 注意事项

① 选油菜时，宜选秋季种植的新鲜、无虫咬的油菜心。

② 菜头剖开晒蔫后再泡制，味道会更好。

③ 泡菜水不可过咸，以免影响口感。

（三）泡花椰菜

1. 产品配方

花椰菜 1kg，白糖 90g，白醋 75g，干红辣椒 30g，精盐 5 小匙，咖喱粉 2 小匙。

2. 工艺流程

原料处理→入坛泡制→成品

3. 操作要点

（1）原料处理　将花椰菜择洗干净，掰成小朵。锅内放入清水烧沸，下入咖喱粉搅匀，将小朵花椰菜放入锅中焯透捞出，晾凉。另将干红辣椒洗净，晾干，切成段，备用。

（2）入坛泡制　锅内放入适量清水烧沸，加入白糖、精盐、白醋、辣椒段烧沸，倒出晾凉，装入泡菜坛内。然后，将预处理过的花椰菜放入泡菜坛，封严坛口，泡约 48h，即可食用。

（四）西蓝花泡菜

1. 产品配方

西蓝花 500g，白醋 750g，红辣椒 200g，白糖 80g，精盐适量。

2. 工艺流程

原料处理→泡制→成品

3. 操作要点

（1）原料处理　将西蓝花洗净，沥干水分，掰成小朵。将红辣椒洗净，晾干。再将西蓝花与红辣椒放入盆中，加入精盐拌匀，腌渍约 12h，再用冷开水略洗，捞出，沥干水分，置于泡菜容器中。

（2）泡制　将白醋、白糖混匀，待白糖完全溶解后倒入装有西蓝花的泡菜容器中，加盖置于阴凉处，腌渍发酵 1～2 天，待其入味后，即可食用。

（五）韭菜泡菜

1. 产品配方

韭菜 300g，鱼露 150g，洋葱 100g，辣椒粉 30g，蒜 30g，姜 10g，糖 5g。

2. 工艺流程

原料处理→腌渍→成品

3. 操作要点

（1）原料处理　韭菜洗净，尤其是根部地方容易残留泥沙，需彻底清洗干净，去头尾较老处，沥干，加入鱼露拌匀，腌 20min，取出韭菜，鱼露留下备用。分别将蒜、姜、洋葱各自洗净，去皮，切末。

（2）腌渍　将辣椒粉慢慢加入上述鱼露中，再加入洋葱、蒜、姜、糖，与韭菜混匀。各取 5 根韭菜卷成 1 束，并绑起来，放入冰箱，低温腌渍 2 天，即可食用。

4. 产品特点

微辛辣，风味独特。

5. 注意事项

韭菜腌过较有韧性，不易断裂，适合卷起。由于韭菜本身味道除微微辛辣外，并无特别，因此，加入鱼露、辣椒粉、洋葱等配料调制，可使韭菜泡菜的风味更加独特。

（六）紫苏泡菜

1. 产品配方

紫苏叶 600g，虾酱 160g，盐 100g，鱼露 80g，苹果 20g，韭菜 15g，红辣椒 6g，蒜白 6g，姜 2g，粗辣椒粉、细辣椒粉各少许。

2. 工艺流程

原料处理→腌料制备→腌渍→成品

3. 操作要点

（1）原料处理　将紫苏叶洗净沥干，用盐腌 12h，冲水后沥干。红辣椒洗净，去蒂，切碎。青蒜头去尾，洗净，留蒜白，切碎。姜洗净，去皮，切碎。韭菜洗净，去头尾，切碎。苹果洗净，去皮及籽，切碎。

（2）腌料制备　将虾酱、红辣椒、蒜白、姜、韭菜、苹果、粗辣椒粉、细辣椒粉、鱼露拌匀后备用。

（3）腌渍　将预腌过的紫苏叶与制备好的腌料混在一起，拌匀，腌制 3 天，即可食用。

4. 产品特点

辛香微咸，风味独特，爽滑适口。

5. 注意事项

紫苏叶本身略带苦味，水分也较少，可加盐腌久一点，待完全出水后再将盐分冲除并沥干，而软、碎、小的食材最后拌入即可，如此可把紫苏的苦味盖过，而将独特的风味展现出来。

(七) 芥蓝泡菜

1. 产品配方

芥蓝 1kg，干辣椒丝 20g，鱼露 20mL，辣椒粉 15g，蒜末 15g，姜末 5g，味精 5g，葱 2 根（切段），大粒盐适量。

2. 工艺流程

原料处理→腌料制备→腌渍→成品

3. 操作要点

（1）原料处理 将嫩绿且新鲜的芥蓝择洗干净，撒上大粒盐腌 12h，再用清水冲净，并沥干水分。

（2）腌料制备 将辣椒粉、干辣椒丝、鱼露、味精、葱段、姜末和蒜末拌匀，即为腌料。

（3）腌渍 将预处理过的芥蓝放入泡菜盆中，加入拌好的腌料，用手按实，并用剩下的芥蓝叶子盖好，放在阴凉处 4 天，即可发酵入味。

4. 产品特点

咸鲜清香，色绿嫩脆。

5. 注意事项

用大粒盐腌出来的味道更鲜美，最好不要用精盐腌，否则成品味道有苦涩味。

第四节 果菜类泡菜加工实例

一、瓜类

(一) 泡黄瓜

1. 产品配方

嫩黄瓜 10kg，大料 500g，水 10kg，干红辣椒 500g，食盐 400g，大蒜头 500g，花椒 50g，大葱 500g，糖 300g。

2. 工艺流程

原料整理→入坛泡制→成品

3. 操作要点

（1）原料整理 将黄瓜洗净，沥干水分。

（2）入坛泡制　将黄瓜码入坛内。另取锅加水，在火上烧开后投入各种调味料，待烧开的汁液冷却后，将其倒入泡菜坛中。用竹片卡紧，使黄瓜没入泡菜液中。盖好坛盖。泡制约 7 天后，即可取出食用。

4. 产品特点

酸甜脆辣，清爽可口，别具风味。

5. 注意事项

装坛时应当装满压实，并添足坛沿水。

（二）酸黄瓜

1. 产品配方

鲜小黄瓜 100kg，食盐 3kg，鲜芹菜 0.7kg，蒜头 3kg，红辣椒粉 0.7kg，丁香粉 100g，辣根 0.7kg，香叶粉 60g。

2. 工艺流程

原料处理→装坛发酵→成品

3. 操作要点

（1）原料处理　挑选长度在 8cm 左右、色泽青绿、肉质肥嫩的鲜小黄瓜，用针或锥在其上穿眼（把瓜身穿透），然后把黄瓜放入冷开水中洗净，沥干。

（2）装坛发酵　装坛时，先将辣根和鲜芹菜、蒜头切碎，加入红辣椒粉、丁香粉、香叶粉调匀。坛内放一层黄瓜，撒一层调匀的物料。装满后，把食盐水（按盐量加 10 倍水煮沸，晾凉）灌入坛内，密封坛口，使其发酵。在 20℃ 条件下放置，20 天后，即为成品。

4. 产品特点

咸酸适口，香气浓郁，质地脆嫩。

5. 注意事项

装缸时，注意装满、压实，以防败坏。

（三）糖醋黄瓜

1. 产品配方

黄瓜 100kg，食盐 5kg，醋 5kg，白糖 5kg。

2. 工艺流程

原料处理→入坛泡制→成品

3. 操作要点

（1）原料处理　将黄瓜洗净切开，晾晒至半干。

（2）入坛泡制　将晾晒过的黄瓜放入泡菜坛中。用醋将食盐、白糖溶解混匀后，倒入坛内。盖上坛盖，确保密封，并添足坛沿水。15天后，即为成品。

4. 产品特点

酸甜香脆，有光泽。

5. 注意事项

装坛时，注意装满、压实，以防败坏。

（四）泡黄瓜皮

1. 产品配方

黄瓜1kg，红辣椒50g，精盐5大匙，白糖5大匙，白醋5大匙，酱油2大匙，料酒2小匙，味精1小匙。

2. 工艺流程

原料处理→泡菜味汁制备→泡制→成品

3. 操作要点

（1）原料处理　黄瓜洗净，切成5cm长的小段，平刀片下黄瓜皮，再顺切成3cm宽的片，装在盆中，撒上精盐拌匀，置于阴凉处腌渍6h。

（2）泡菜味汁制备　将白糖、白醋、酱油、料酒、味精和适量清水放入净锅内烧至沸，出锅晾凉后为味汁。

（3）泡制　黄瓜皮挤净水分，装在容器内，加上味汁和红辣椒，放入冰箱冷藏室浸泡12h，即可食用。

4. 产品特点

清爽可口，开胃小菜。

（五）泡酸辣小黄瓜

1. 产品配方

水果黄瓜1kg，15％食盐溶液2.5kg，酸辣盐水2kg，野山椒水1kg，白酒10g，醪糟汁10g，红糖50g，香料包（内含白菌20g，干辣椒15g，八角5g，排草5g，灵草5g）1个。

2. 工艺流程

原料预处理→泡制→成品

3. 操作要点

（1）原料预处理　选新鲜脆嫩、色绿有刺的水果黄瓜，洗净沥干水分，切成

4 瓣，去掉瓤，浸泡在 15％食盐溶液中 0.5h。

（2）泡制　将黄瓜装在陶土盆里，上压竹笆，加上香料包，倒入酸辣盐水及其他佐料，泡至入味。

4. 产品特点

酸甜脆辣，清爽可口，别具风味。

5. 注意事项

青绿带刺的小黄瓜尤其嫩脆，去掉瓜瓤口感更佳，同时泡制也快。

（六）韩国黄瓜泡菜

1. 产品配方

黄瓜（最好选小嫩青瓜）1.5kg，食盐 80g，白糖 30g，葱末 30g，蒜泥 30g，辣椒粉 20g，虾酱 15g，生姜末 10g。

2. 工艺流程

原料预处理→盐腌→虾酱糊调制→涂抹虾酱糊→码坛→泡制→成品

3. 操作要点

（1）原料预处理　将黄瓜用盐搓洗干净，切成 7cm 条段，再把 7cm 长的条段按十字线从两头相对剖口，但都不剖到底面而保持整体不断开。不足 7cm 部分，去掉皮剖成两半，切成 1cm 厚小条。

（2）盐腌　将处理好的黄瓜铺在泡菜坛的底层，然后撒上适量盐，进行腌制。

（3）虾酱糊调制　把辣椒粉、葱末、蒜泥、生姜末、白糖、食盐、虾酱放在一起搅拌均匀，成辣甜虾酱糊。

（4）涂抹虾酱糊　将腌过的黄瓜挤出水分，并在刀口内涂抹适量辣甜虾酱糊。

（5）码坛　把葱的绿色部分铺进坛底，撒少许食盐，再把填好料的黄瓜密实地码进去。

（6）泡制　将剩余的辣甜虾酱糊和腌黄瓜的盐水泼在上面，加盖密封，并添足坛沿水。静置 1 天，待其自然发酵后，便可食用。

4. 产品特点

鲜嫩清香，辣酸可口。

5. 注意事项

泡坛内水应完全淹没菜体。保持坛沿水不干。

（七）俄式泡黄瓜

1. 产品配方

黄瓜 1kg，精盐 50g，鲜茴香（小茴香的茎）50g，大蒜 24g，辣根、香叶、干辣椒、胡椒粉各少量。

2. 工艺流程

原料整理→配料泡制→成品

3. 操作要点

（1）原料整理　挑选小而短粗的黄瓜，洗净晾干。将鲜茴香洗净晾干，切成 6cm 长的小段。将大蒜和辣根洗净晾干。

（2）配料泡制　将黄瓜放入干净泡菜坛内，再放入鲜茴香、大蒜、辣根、干辣椒、胡椒粉、香叶。将精盐放入 300g 左右的凉开水中溶化后，倒入泡菜坛。将坛口封严，放置阴凉处（温度 20℃ 左右为宜）。泡制 10 天后，便产生香味，即可捞出食用。

4. 产品特点

酸辣、咸、香兼具，为俄式风味。

5. 注意事项

① 各菜料一定要清洗干净。

② 辣根、香叶、干辣椒、胡椒粉、茴香等调味品可根据个人爱好适当调配。

③ 泡菜坛的环境温度一定注意不可过高，否则会造成烂菜。

（八）泡苦瓜 I

1. 产品配方

白皮苦瓜 10kg，一等老盐水 10kg，食盐 250g，红糖 100g，醪糟汁 100g，白酒 100g，香料包 1 个。

2. 工艺流程

原料整理→入坛泡制→成品

3. 操作要点

（1）原料整理　选择色白、皮面较平坦、没有水渍损伤的苦瓜洗净，对剖，去籽，晒至稍蔫。将晒至稍蔫的苦瓜用食盐和白酒腌制 1 天出坯，捞出，晾干表面的水分。

（2）入坛泡制　将各料调匀后装入坛内，放入苦瓜及香料包，用竹片卡紧，盖上坛盖，添足坛沿水，泡约 2 天，即可食用。

4. 产品特点

色白清脆，苦中有味，咸香可口。

5. 注意事项

① 因苦瓜内质硬健，对其出坯的咸度应稍高，尽量挑选嫩苦瓜。

② 苦瓜还适合与虹豆、辣椒等合泡，可根据需求酌情添加。

③ 装坛时注意装满压实，并添足坛沿水。

(九) 泡苦瓜Ⅱ

1. 产品配方

苦瓜 2 条，白醋 500g，白糖 120g，精盐 1 大匙。

2. 工艺流程

原料处理→配料泡制→成品

3. 操作要点

(1) 原料处理　将苦瓜洗净，去籽，切成斜片，置于沸水中焯烫，去除涩味，捞出浸入冷水中漂凉，待冷却后取出，沥去水分。

(2) 配料泡制　将精盐加入清水中，烧沸，再将白醋、白糖放入其中，保持一小段时间后，熄火冷却。然后，将其倒入泡菜容器内，并放入预处理过的苦瓜片。将泡菜容器置于阴凉处或冰箱冷藏，泡制 2 天，即可食用。

(十) 泡菜瓜

1. 产品配方

新鲜菜瓜 100kg，食盐 20kg，21％盐卤适量。

2. 工艺流程

原料整理→初腌→复腌→浸泡→成品

3. 操作要点

(1) 原料整理　将新鲜菜瓜洗净、晾干，纵向剖开，刮去子瓤。

(2) 初腌　按一层瓜一层盐的方法，层层腌制，腌制 12h 后翻缸 1 次。再过 12h 翻第 2 次缸。初腌 36h 后，捞出沥干。

(3) 复腌　沥卤后的咸瓜片按重量 10％加盐，逐层加盐腌制，隔 12h 翻瓜一次，共计翻 2 次。

(4) 浸泡　复腌 36h 后取出，放入另一缸内。层层压实。装满后，缸面用箬衣、竹片卡紧，再用浓度 21％盐卤漫头浸泡，另加 2％盐封缸储藏。

4. 产品特点

味稍咸，质地脆嫩。

5. 注意事项

① 腌制时，撒盐应当均匀。

② 泡制时，装缸应当装满压实，以防败坏。

（十一）泡冬瓜

1. 产品配方

新鲜冬瓜 1kg，泡菜老盐水 600g，25％的盐水适量，干红辣椒 25g，食盐 20g，红糖 20g，白酒 3g，香料包（内含花椒、八角、桂皮、小茴香各 2g）1 个。

2. 工艺流程

原料整理→预浸泡→配料泡制→成品

3. 操作要点

（1）原料整理　将冬瓜去皮去瓤，用竹签扎若干小孔，切成 10cm 长、5cm 宽的大块。

（2）预浸泡　将冬瓜块浸泡于 25％的盐水中 3 天，捞出晾干。

（3）配料泡制　将干红辣椒、香料包以及预处理过的冬瓜块放入干净的泡菜坛中。另将泡菜老盐水、食盐、红糖、白酒等混合调匀后倒入坛内。用竹片卡紧，盖上坛盖，并添足坛沿水。泡制 7 天，即可食用。

4. 产品特点

色白脆香，咸辣微酸，清香爽口。

5. 注意事项

保持坛沿水不干。

（十二）泡甜冬瓜

1. 产品配方

冬瓜 1kg，白糖 50g，食盐 20g，橙汁 500mL，柠檬汁 100mL。

2. 工艺流程

原料处理→配料泡制→成品

3. 操作要点

（1）原料处理　冬瓜去皮去瓤，改刀成 1.5cm×5.0cm 的长条，洗净，沥干，入沸水中焯水断生，过凉开水凉透。

（2）配料泡制　将橙汁、柠檬汁、白糖、食盐放入干净锅中，文火烧开，注入玻璃容器，晾凉。将冬瓜条放入玻璃容器中，泡制 1 天左右，泡至入味，即可食用。

4. 产品特点

色泽橙黄，果味清香，酸甜可口。

（十三）泡南瓜

1. 产品配方

新鲜南瓜 5kg，盐水 4kg（凉开水 3kg 加精盐 1kg），精盐 150g，白酒 150g，干红辣椒 150g，红糖 50g，醪糟汁 50g，香料包（内含花椒、八角、小茴香和桂皮各 10g）1 个。

2. 工艺流程

原料处理→入坛泡制→成品

3. 操作要点

（1）原料处理　将新鲜南瓜洗干净，去皮、瓤和籽，用竹签戳若干小孔，切成 10cm 长、6cm 宽的长方块。将南瓜块投入清水中浸泡 1h 后捞起，再入盐水中腌渍 3 天，捞起后晾干表面的水分。

（2）入坛泡制　将盐水倒入泡菜坛内，加入精盐、白酒、红糖和醪糟汁调匀，再放入干红辣椒、南瓜、香料包，盖好坛盖，添足坛沿水，泡制 7 天左右，即可食用。

4. 产品特点

色黄脆香，咸辣带甜。

5. 注意事项

保持坛沿水不干。

（十四）南瓜泡菜

1. 产品配方

南瓜 1 个（约 500g），白醋 350g，白糖 120g，精盐 80g。

2. 工艺流程

原料处理→腌渍→成品

3. 操作要点

（1）原料处理　将南瓜去皮，去籽，洗净，沥干水分，切成薄片。

（2）腌渍　向南瓜片中加入精盐拌匀，腌渍约 24h，其间需多次翻动，使所有南瓜片都均匀地浸入盐水中。然后，将南瓜片捞出，用冷开水冲洗 1～2 次，沥干水分，再加入白醋、白糖拌匀，腌渍 24h 以上，待其入味，即可食用。

（十五）瓜片泡菜

1. 产品配方

南瓜 600g，盐 200g，辣椒粉 100g，虾酱末 50g，鱼露 50g，蒜 40g，葱 20g，姜 20g，糯米糊 1 杯。

2. 工艺流程

原料处理→腌渍→成品

3. 操作要点

（1）原料处理 将南瓜洗净，去皮及籽，切片，用盐腌 30min，冲水洗净，沥干。葱去须根，洗净，切段。蒜去皮，洗净，切末。姜去皮，洗净，切末。

（2）腌渍 将辣椒粉、虾酱末、鱼露、糯米糊、蒜末、姜末、葱段、1g 盐混合均匀，制成腌料，然后将预腌过的南瓜加入，混匀，放入冰箱腌渍 3 天，即可食用。

4. 产品特点

辛辣带甜，风味独特。

5. 注意事项

① 南瓜的瓜瓤易腌软烂，需去除，可使口感较一致。

② 需拌匀后再放入冰箱腌渍，使成品入味均匀。

（十六）西葫芦泡菜

1. 产品配方

西葫芦 500g，辣椒粉 100g，栗子 50g，葱 2 根，蒜 1 头，大粒盐适量，味精少许。

2. 工艺流程

原料处理→入坛泡制→成品

3. 操作要点

（1）原料处理 将西葫芦剖开，切成 1cm 厚的月牙片，撒上大粒盐腌 6h。栗子去皮后加水煮 10min。葱切段。蒜切末。

（2）入坛泡制 将腌软的西葫芦用水冲洗，控净水分，再用辣椒粉、蒜末、葱段和味精拌匀，一起装入泡菜坛中，倒入煮栗子的水，用重物压菜。盖上盖子，泡制 7 天后，即可食用。

（十七）欧美莳萝泡胡瓜

1. 产品配方

胡瓜 10kg，食盐 660g，莳萝 500g，白醋 20g，丁香 50g，凉开水 7.5～

10kg。

2. 工艺流程

原料整理→放料入坛→泡制→成品

3. 操作要点

(1) 原料整理　选用无病虫、斑点的新鲜胡瓜，洗净沥干。

(2) 放料入坛　将胡瓜放入木桶或泡菜坛内，每放一层胡瓜就放置一层莳萝与丁香，洒上白醋。在凉开水中，加入食盐，溶解后注入木桶或泡菜坛内，淹没菜料。

(3) 泡制　密封木桶或盖上坛盖，添足坛沿水，泡制 10～15 天，便可食用。

4. 产品特点

具有明显的莳萝香料味。

5. 注意事项

① 发酵期间，前几日盐液因细菌生长而浑浊，并且因释放气体而冒泡，不久即可自然消失。稍后，如不盖住隔绝空气，盐液表面上会形成一层白膜状的酒花酵母，应及时进行处理，如捞去白膜，添加白酒即可。

② 莳萝与丁香的使用可依个人喜好而定。

③ 泡制过程需十分注意清洁卫生，不可有油污、脏物等侵入。

二、茄类

(一) 泡茄子 I

1. 产品配方

茄子 10kg，一等老盐水 10kg，干红辣椒 500g，食盐 250g，醪糟汁 100g，白酒 100g，红糖 100g，香料包（内含八角、香草、豆蔻各 5g，花椒 10g，滑菇 35g）1 个。

2. 工艺流程

原料整理→泡制→成品

3. 操作要点

(1) 原料整理　选择新鲜、无伤痕的茄子洗干净，去把（留 1cm 长左右），晾干。

(2) 泡制　将各种调料调匀装入坛内，放入茄子和香料包，用竹片卡紧，盖上坛盖，添足坛沿水。泡制 15 天左右，即可食用。

4. 产品特点

皮脆肉嫩，味咸微酸。

5. 注意事项

装坛时注意装满压实，并添足坛沿水。

(二) 泡茄子Ⅱ

1. 产品配方

茄子 5kg，精盐 500g，蒜蓉 100g，香料包（内含花椒、八角、桂皮和小茴香各 10g) 1 个，5％的盐水适量。

2. 工艺流程

原料处理→配料泡制→成品

3. 操作要点

(1) 原料处理　选鲜茄子去蒂洗净后切成片，放入开水锅中焯一下，捞出挤去 40％的水分，也可放在阳光下晒至四成干。

(2) 配料泡制　锅置火上，倒入浓度为 5％的盐水，放入蒜蓉和香料包，烧沸后倒入盆内晾凉。取刷净沥干的泡菜坛 1 个，以一层茄子一层精盐的方法装坛，继而倒入料汤。泡制 15 天左右，即为成品。

(三) 茄子泡菜

1. 产品配方

长茄子 1kg，盐 100g，蒜 200g，香葱末 100g，味精 10g，香油 10mL，辣椒粉少许。

2. 工艺流程

原料处理→腌制→成品

3. 操作要点

(1) 原料处理　长茄子选个儿小且嫩的，择去蒂后洗净，上屉蒸 3min，晾凉后用手掰开。

(2) 腌制　将蒜去皮用搅拌机打成泥，再放入盐、味精、辣椒粉、香油和香葱末搅拌均匀，制成腌料。将拌匀的腌料抹在掰开的茄子里面再合紧，然后将茄子整齐地码在坛子里，封口后放在阴凉处，2 天后，即可食用。

4. 产品特点

蒸熟的茄子一定凉透后再腌，不然，茄子很快就会变酸。

（四）韩国茄子泡菜

1. 产品配方

茄子 2kg，盐水（水 600g、盐 40g），泡菜汤（水 300g、白糖 10g、炒盐 5g），佐料馅（白糖 30g、炒盐 20g、小葱花 10g、辣椒粉 10g、蒜泥 5g、姜末 5g）。

2. 工艺流程

原料整理→填佐料馅→发酵→成品

3. 操作要点

（1）原料整理　茄子洗净后沥干水分，切成 6～7cm 条段。把茄子从中间向两端深切一刀，在滚开的盐水里焯一下立即捞出，放到凉水里冷却后，捞出，用重物压实，待用。

（2）填佐料馅　用小葱花、蒜泥、姜末、白糖、炒盐、辣椒粉拌成佐料馅后，填满茄子开口。

（3）发酵　将填好佐料馅的茄子用手握紧后，整齐码在泡菜盒内。将泡菜汤倒进泡菜盒内，于阴凉处放置，自然发酵，入味后，即可食用。

4. 产品特点

茄子细嫩爽滑，味咸微甜。

5. 注意事项

秋天茄子有甜味，采用秋茄子制作此泡菜味道更佳。

（五）泡番茄 I

1. 产品配方

番茄 300g，食盐 20g，花椒 5g，白酒 2g。

2. 工艺流程

原料整理→入坛预浸泡→泡制→成品

3. 操作要点

（1）原料整理　将番茄洗净，去蒂，放入 60℃ 左右的温开水中再清洗一遍，取出沥干水分。用带尖的筷子将番茄底部戳几个孔，便于进咸味。

（2）入坛预浸泡　取 2kg 清水烧沸，冷却至 50℃ 左右时，倒入坛内，立即将番茄、花椒、食盐、白酒放入坛内浸泡。

（3）泡制　坛内开水冷却至室温后，加盖，添足坛沿水。泡制 10 天后，即可食用。

4. 产品特点

味道兼具麻、酸、咸，质地嫩，口感佳。

5. 注意事项

① 夏天泡制番茄一定要加少许白酒。

② 泡制时要求严格控制水温，水热了不利于泡菜的存放，甚至易发生霉烂。

(六) 泡番茄Ⅱ

1. 产品配方

番茄 5kg，精盐 400g，香菜 50g，葱 50g，白酒 50g，花椒 40g。

2. 工艺流程

原料处理→入坛泡制→成品

3. 操作要点

(1) 原料处理　将新鲜且无伤疤的番茄洗净，放入 50℃左右的温水中清洗，捞出用竹签在番茄底部戳几个小孔，以便进咸味。香菜择洗干净后，用凉开水冲洗一下，斩碎。葱去根洗净后，切成 2cm 长的细丝。

(2) 入坛泡制　锅置火上，放入适量的清水煮沸，冷却至 50℃时倒入坛中，随即加入番茄、精盐、白酒和花椒浸泡。待坛内的水温晾至室温后，盖上坛盖，再在坛外水槽中掺满凉水，泡制 10 天左右即可。食用时，捞出番茄，切成片，撒上香菜末和葱丝，淋上香油，拌匀装盘即成。

4. 产品特点

色彩艳丽，酸咸麻香，鲜嫩可口，佐酒好菜，武汉风味。

5. 注意事项

泡制时要求严格控制水温，水热了不利于泡菜的存放，甚至发生霉烂。

(七) 泡糖醋番茄

1. 产品配方

青番茄 10kg，醋 3kg，白酒 1.5kg，洋葱 1.2kg，食盐 1kg，白糖 400g，咖喱粉 120g，桂皮 60g，凉开水 2kg。

2. 工艺流程

原料整理、清洗→切分→盐腌→糖醋液的配制→入坛泡制→成品

3. 操作要点

(1) 原料整理、清洗　将青番茄去蒂，洗净，沥干。洋葱剥去外皮，洗净，沥干。

（2）切分　将番茄切成半月形，约0.6cm厚。洋葱切成块儿。

（3）盐腌　取干净容器，放入菜料，加入300g食盐，拌匀，腌制30min，然后捞出沥干产品，全部装入坛中。

（4）糖醋液的配制　在2.4kg醋液中加入白糖、60g咖喱粉、桂皮、白酒，混合在一起放入锅里煮沸，待白糖全部溶化后，晾凉。

（5）入坛泡制　将糖醋液倒入青番茄和洋葱混合的坛中，腌制24h。再将剩下的食盐、醋和咖喱粉倒入2kg凉开水中煮沸，浓缩至原液的2/3时，取出冷却，注入装有番茄的容器中，加盖，添足坛沿水。泡制5～7天后，即可食用。

4. 产品特点

色泽诱人，酸甜适口。

5. 注意事项

泡制过程中应添足坛沿水，并保持坛沿水不干。

（八）多味青番茄

1. 产品配方

青番茄5kg，精盐150g，大蒜40g，芹菜25g，辣椒粉20g，香草15g，丁香粉2g。

2. 工艺流程

原料处理→入坛泡制→成品

3. 操作要点

（1）原料处理　将色泽碧绿、肉质肥厚、中等大小的番茄洗净沥干，在蒂根处扎数个眼。芹菜去根叶洗净后切成小段。大蒜去皮洗净后捣烂。另将芹菜、蒜蓉、辣椒粉、丁香粉和香草混合均匀，配成香辛料。

（2）入坛泡制　将精盐与3kg清水混合入锅，置于火上煮沸，离火晾凉。将番茄放入坛中，一层番茄撒一层香辛料，装完后倒入盐水，密封坛口。泡1个月左右，即为成品。

4. 产品特点

清脆酸辣，色泽碧绿。

（九）泡小番茄

1. 产品配方

小番茄1kg，白糖100g，红辣椒15g，精盐4小匙，料酒1大匙，白酒4小匙。

2. 工艺流程

原料处理→入坛泡制→成品

3. 操作要点

（1）原料处理　将小番茄去蒂，清洗干净。红辣椒洗净，切成细丝。

（2）入坛泡制　将红辣椒丝放入容器中，加入白糖、精盐、料酒、白酒和适量凉开水搅匀后，再倒入泡菜坛内。然后，放入小番茄，泡制3天，即可食用。

（十）日式番茄泡菜

1. 产品配方

青番茄10kg，洋葱2.5kg，食用醋700g，白糖700g，食盐600g，咖喱粉20g。

2. 工艺流程

原料处理→腌制→入坛泡制→成品

3. 操作要点

（1）原料处理　挑选无病虫害的青番茄去蒂，洗净，沥干，横向把青番茄切成圆片。将洋葱洗净沥干，切成圆片。

（2）腌制　把青番茄、洋葱分别盛于干净的盆内，各加450g食盐和150g食盐拌匀，腌制12h。

（3）入坛泡制　将腌好的青番茄、洋葱分别改刀切成长方形，然后混合在一起装入泡菜坛内。将白糖加入食用醋内，全部溶化后加入咖喱粉，搅拌均匀后全部倒入泡菜坛内，发酵7～10天后，即可食用。

4. 产品特点

清脆酸辣，色泽碧绿。

5. 注意事项

① 入坛泡制2～3h后也可食用，但发酵7～10天后，味道更佳。

② 如需长时间保存，可将菜放入玻璃瓶内，密封后放在沸水里杀菌10min。

（十一）俄式泡番茄

1. 产品配方

新鲜番茄10kg，凉开水10kg，食盐500g，香菜100g，鲜莳萝320g，蒜瓣20g，辣椒10g。

2. 工艺流程

准备容器→原料处理→加料发酵→密封泡制→成品

3. 操作要点

(1) 准备容器　将泡菜坛用清水冲洗干净，用经过消毒的布擦干内壁，备用。

(2) 原料处理　挑选无斑痕的新鲜、大小适中的番茄，洗擦干净，沥干水分。将香菜、鲜莳萝、蒜瓣、辣椒洗净沥干水分后，各自切成适宜的小段儿或小块儿，并混合，作为其他配料。

(3) 加料发酵　把鲜番茄装入泡菜坛内，放一层番茄，撒一层其他配料。用6kg凉开水溶解0.3kg食盐，然后将盐水注入泡菜坛内淹没菜料，用盖盖好，暂不封口，发酵8～12天。

(4) 密封泡制　用4kg凉开水溶解0.2kg食盐，搅拌均匀，注入泡菜坛内。然后，在坛口垫上橡皮圈，将盖盖紧，于0～10℃泡制、储藏。

4. 产品特点

酸咸适当，质嫩可口。

5. 注意事项

① 发酵期间应注意清除盐水中的白膜。

② 可将玻璃罐密封后放入冰箱中保存，以解决气温过高的问题。也可将发酵室建于地下库内。若存放环境超过10℃，应尽快食用，以防变质变味。

三、椒类

(一) 四川泡辣椒

1. 产品配方

尖头鲜红辣椒10kg，食盐2kg，凉开水6kg。

2. 工艺流程

原料处理→制泡菜液→入缸泡制→成品

3. 操作要点

(1) 原料处理　挑选无虫害的尖头鲜红辣椒洗净，晾干，去梗，去蒂，再用尖头竹签在辣椒两旁戳两个小洞，以便于辣椒入味。

(2) 制泡菜液　先将食盐放入小缸内，加入凉开水，搅动，待食盐溶解后，备用。

(3) 入缸泡制　把辣椒放入装泡菜液的缸内，用重物压实、盖紧。泡制半个月后，翻缸检查1次，捞去浮面白沫，并注意捞出发霉腐烂的辣椒，再压实、盖严。泡制3个月以上，即可食用。

4. 产品特点

咸辣爽口，佐餐良品。

5. 注意事项

① 及时翻看非常重要，半个月翻看一次。否则，部分腐烂或发霉辣椒会导致全缸制品变质。

② 泡辣椒的缸子平时放在阴凉处，防止曝晒引起坏缸。

③ 取食泡菜时也要注意切忌沾油，以防泡菜变质。

(二) 湘式泡酸辣椒

1. 产品配方

红灯笼椒 1.5kg，新盐水 1.5kg，老盐水 1.5kg，盐 40g，香料包（内含花椒、八角、桂皮和小茴香若干）1 个。

2. 工艺流程

原料处理→入坛泡制→成品

3. 操作要点

(1) 原料处理　红灯笼椒洗净，沥干水分，放在通风处自然风干 24h。

(2) 入坛泡制　将新盐水、老盐水兑盐搅匀，使之充分混合后倒入泡菜坛中，加入风干的红灯笼椒，并将香料包放入其中，用竹片卡紧，盖上坛盖，并添足坛沿水。泡制 10～15 天后，即可食用。

4. 产品特点

酸辣可口，下饭小菜。

5. 注意事项

① 由于辣椒在泡制时会漂浮起来，因此一定要用竹片卡紧，还可压一定重量的净物。

② 泡辣椒时，坛内不能溅入生水。

(三) 泡青辣椒

1. 产品配方

青辣椒 100kg，食盐 15kg，花椒 300g，干生姜 260g，大料 240g，水 26kg。

2. 工艺流程

原料整理→配卤水→泡制→成品

3. 操作要点

(1) 原料整理　将青辣椒去把，洗净，晾干。用竹签在上面扎 5 个眼，再装入一干净坛内。

（2）配卤水　将盐放在水里煮沸，同时将大料、花椒、干生姜装入纱布袋中，一起投入煮沸的盐水中煮 4～5min，将袋捞出，把剩下的盐水晾凉。

（3）泡制　将晾凉的盐水倒入装辣椒的坛内。开始时，每天搅拌 1 次，连续搅拌 5 天左右。泡制 30 天后，便可食用。

4. 产品特点

色泽深绿，味香而咸辣，质地脆嫩。

5. 注意事项

搅拌青椒时，不要损伤青椒，以保持青椒的形态完整。

（四）泡红辣椒

1. 产品配方

鲜红辣椒 100kg，食盐 20kg，白糖 5kg，黄酒 1kg。

2. 工艺流程

原料处理→配料泡制→成品

3. 操作要点

（1）原料处理　将鲜红辣椒去蒂，洗净，在开水中烫漂 2min，迅速捞出，控干表面水分。

（2）配料泡制　辣椒晾凉后倒进大盆，并加入食盐、白糖拌匀，腌制 24h 后，放入干净的缸内。然后，浇入黄酒，密封储藏，60 天后，即为成品。

4. 产品特点

色泽鲜红，具有红辣椒经过腌制后的香气，味道咸辣，形态完整，肉质脆嫩。

5. 注意事项

烫漂辣椒时，应当准确掌握时间，千万不要时间过长，否则腌制出的辣椒会熟烂。

（五）泡双椒

1. 产品配方

青辣椒 300g，红辣椒 300g，盐 300g，花椒 15g，生姜 10g，八角 10g，蒜米少许。

2. 工艺流程

原料处理→泡菜水制备→入坛泡制→成品

3. 操作要点

(1) 原料处理　将青、红辣椒去蒂洗净，晾干，用牙签扎一些孔洞。

(2) 泡菜水制备　锅中加清水 1.5kg，加入盐、八角、花椒、生姜，煮沸 5min 后，晾凉。

(3) 入坛泡制　将青、红辣椒与泡菜料水、蒜米一起倒入泡菜坛。每天搅拌 1 次，连续搅拌 5 天左右。密封泡制 30 天，即可取食。

4. 产品特点

色泽艳丽，酸辣可口。既可作开胃小菜，也可用于泡椒菜的调味品。

5. 注意事项

① 青、红辣椒选肉厚、大小一致的长尖椒为佳。

② 辣椒泡制前，可在外表扎一些小孔并晒蔫，以便入味。

(六) 泡香辣辣椒

1. 产品配方

小米椒 5kg，二金条（又称二荆条）辣椒 5kg，15％食盐溶液 15kg，老盐水 20kg，白酒 100g，料酒 100g，醪糟汁 100g，饴糖 100g，白糖 100g，香料包（内含白菌 40g，胡椒 20g，山柰 10g，八角 10g，排草 10g，灵草 10g）2 个。

2. 工艺流程

原料预处理→入坛泡制→成品

3. 操作要点

(1) 原料预处理　将小米椒、二金条辣椒洗净沥干水分，浸泡在冷开水配制的 15％食盐溶液中 3 天。

(2) 入坛泡制　将盐渍的两种辣椒、香料包及其他各种佐料均匀地装在坛中，用竹片卡紧，倒入盐渍水、老盐水，盖上坛盖，添足坛沿水。泡制 1 个月，即为成品。

4. 产品特点

酸辣香鲜俱佳，佐餐良品。

5. 注意事项

混合辣椒是取小米椒的辣、二金条辣椒的香。因而，最终的盐渍水中含有辣椒的香、辣、鲜，适宜作泡菜盐水，可用此泡制其他菜肴用。

(七) 泡野山椒

1. 产品配方

鲜野山椒 10kg，15％食盐溶液 10kg，老盐水 10kg，白醋 5kg，泡菜盐 1kg，白糖 100g，白酒 100g，醪糟汁 50g，香料包（内含白菌 40g，胡椒 20g，山奈 10g，八角 10g，排草 10g，灵草 10g）2 个。

2. 工艺流程

原料预处理→泡制→成品

3. 操作要点

（1）原料预处理　选新鲜硬健、茎柄完好的野山椒洗净，沥干水分，浸泡在 15％食盐溶液中 3 天，捞出。

（2）泡制　将 2 个香料包和野山椒均匀地装入坛中，用竹片卡紧，倒入所有其他佐料和老盐水，盖上坛盖，添足坛沿水。泡制 1 个月，即为成品。

4. 产品特点

色浅绿，咸酸辣鲜，辛香兼备，开胃助食。

5. 注意事项

醋可以使野山椒具备复合酸味，醋多就必须加入一定的食盐才行。

（八）泡鸡心椒

1. 产品配方

鸡心椒 10kg，新盐水 5kg，老盐水 5kg，红糖 250g，食盐 150g，白酒 100g，醪糟汁 100g，香料包（内含花椒、八角、桂皮和小茴香各 20g）1 个。

2. 工艺流程

原料处理→入坛泡制→成品

3. 操作要点

（1）原料处理　选新鲜硬健、肉质肥厚、无伤不烂的鸡心椒，洗净，沥干水分。

（2）入坛泡制　将各种配料调匀装入坛内，放入鸡心椒及香料包，用篾片卡紧，盖上坛盖，添足坛沿水。泡制 2 个月后，即可食用。

4. 产品特点

味微咸，酸甜可口，质地脆嫩。

5. 注意事项

① 装坛应装满。

② 泡菜水应当淹没菜体。

③ 坛沿水要保持不干。

（九）泡秋青椒

1. 产品配方

秋青椒 10kg，新盐水 5kg，老盐水 5kg，红糖 100g，白酒 100g，醪糟汁 60g，香料包（内含花椒、八角、桂皮和小茴香各 20g）1 个，食盐适量。

2. 工艺流程

原料处理→入坛泡制→成品

3. 操作要点

（1）原料处理　选新鲜硬健、均匀无虫伤的秋青辣椒，去把、洗净，入浓度为 4％的晾凉盐开水（以淹没青辣椒为宜）中（加入白酒 50g 和匀）5 天，中途翻缸 2～3 次，至秋青辣椒成扁形捞起，晾干附着的水分。

（2）入坛泡制　将老盐水、新盐水、红糖、剩余白酒和醪糟汁调匀倒入泡菜坛内，放入秋青辣椒及香料包，压上重物，盖上坛盖，添足坛沿水。泡制 2 个月后，即为成品。

4. 产品特点

色泽青黄，咸辣微甜，脆嫩可口，香气浓郁，四川风味。

5. 注意事项

坛内水应当淹没菜体。坛外坛沿水要保持不干。

（十）泡牛角椒

1. 产品配方

牛角椒 5kg，新盐水 2.5kg，老盐水 2.5kg，精盐 125g，红糖 125g，白酒 50g，醪糟汁 50g，香料包（内含花椒、八角、桂皮和小茴香各 10g）1 个。

2. 工艺流程

原料处理→入坛泡制→成品

3. 操作要点

（1）原料处理　将新鲜的牛角椒去杂后洗净，沥干水分。

（2）入坛泡制　将新盐水、老盐水、红糖、精盐、白酒和醪糟汁一同放入盆内调匀装坛，放入牛角椒及香料包，用竹片卡紧，防止浮动。盖上坛盖，添足坛沿水。泡制 2 个月后，即可食用。

4. 产品特点

色如初摘，味辣带甜。

5. 注意事项

坛内泡菜水应当淹没菜体。坛外坛沿水要保持不干。

（十一）泡柿子椒

1. 产品配方

柿子椒 500g，精盐 100g，花椒水、八角水各适量。

2. 工艺流程

原料处理→入坛泡制→成品

3. 操作要点

（1）原料处理 将柿子椒洗净，沥干，用竹签扎上数个小孔。

（2）入坛泡制 用凉开水溶化精盐（每 100g 精盐加 500g 凉开水），澄清后装入泡菜坛。再将柿子椒、花椒水、八角水倒入泡菜坛，泡制 15 天，即可食用。

（十二）泡小树椒

1. 产品配方

小树椒 500g，精盐 3 大匙，白糖 2 小匙，料酒 2 小匙，白酒 1 大匙，五香料包（内含花椒、八角、桂皮、丁香、小茴香各 3g）1 个。

2. 工艺流程

原料处理→泡菜料水制备→入坛泡制→成品

3. 操作要点

（1）原料处理 将小树椒洗净，用清水浸泡，捞出沥干。

（2）泡菜料水制备 锅内加入适量清水，放入五香料包、精盐、白糖、料酒、白酒，先旺火烧沸，再转小火熬煮 5min，倒出晾凉。

（3）入坛泡制 将小树椒码入泡菜坛中，倒入泡菜料水，盖严坛盖，添足坛沿水。泡制 7 天，即可食用。

四、豆类

（一）泡刀豆

1. 产品配方

鲜刀豆 10kg，新老混合盐水 10kg，食盐 1.5kg，红糖 250g，干红辣椒 200g，白酒 100g，香料包 1 个。

2. 工艺流程

原料处理→入坛泡制→成品

3. 操作要点

（1）原料处理 选择鲜嫩、豆片尚未长籽的刀豆，洗净，掐去两头和边筋。

加盐腌制，约 1 天后，捞起，晾干附着的水分。

（2）入坛泡制　将新老混合盐水、红糖、白酒、干红辣椒等各料调匀装入坛内，放入刀豆、香料包，用篾片卡紧，盖上坛盖，添足坛沿水。泡制 1 个月，即可食用。

4. 产品特点

色泽绿黄，味道清鲜，质地嫩脆。

5. 注意事项

① 装坛时应当装满压实，让泡菜水没过菜体。

② 泡制过程中，注意不时添足坛沿水，确保不干。

（二）泡脆豇豆

1. 产品配方

豇豆 5kg，25％的盐水 5kg，精盐 750g，红糖 120g，干红辣椒 120g，白酒 60g，花椒 30g，八角 30g，丁香 3g。

2. 工艺流程

原料处理→入坛泡制→成品

3. 操作要点

（1）原料处理　将豇豆去蒂洗净沥干后放入容器内，加入精盐、白酒和丁香拌匀，腌 12h 左右，捞出沥干。

（2）入坛泡制　将 25％的盐水、干红辣椒、红糖、花椒和八角一起放在干净坛中拌匀，投入豇豆，盖好坛盖，加足坛沿水。浸泡 5 天左右，即为成品。

4. 产品特点

色泽青绿，味道清香，口感脆嫩。

（三）泡辣豇豆

1. 产品配方

豇豆 100kg，食盐 7kg，红辣椒 7kg，青辣椒 7kg。

2. 工艺流程

原料处理→辅料处理→配料泡制→成品

3. 操作要点

（1）原料处理　将豇豆择洗干净，切成 5cm 左右的小段，投入沸水中稍煮一下，捞起摊开风干，然后投入坛内。

（2）辅料处理　将青辣椒、红辣椒去蒂洗净，沥干，也投入坛内。

（3）配料泡制　将 60kg 水煮开，加入食盐，冷却后倒进坛内，淹没豇豆。加盖密封，在坛沿加上凉开水。泡制 10 天左右，即可食用。

4. 产品特点

质地脆嫩，味道清香，色泽微黄。

5. 注意事项

① 应选择鲜嫩的豇豆。

② 泡菜坛要放在阴凉通风处。

（四）麻辣豇豆

1. 产品配方

豇豆 600g，盐水（盐 115g、冷开水 900mL），高粱酒 300mL，花椒 37g。

2. 工艺流程

原料处理→配料泡制→成品

3. 操作要点

（1）原料处理　将豇豆择洗干净，去头尾，晾干。

（2）配料泡制　将豇豆加入盐水中，并加入高粱酒、花椒，泡制 7 天，取出，挤干水分，冷藏。

4. 产品特点

味道丰富，口感柔嫩。

5. 注意事项

可将花椒粒敲碎，以让香麻味更好地渗透到豇豆中。

（五）泡麻黄豆

1. 产品配方

鲜黄豆 5kg，鲜花椒 1kg，精盐 500g。

2. 工艺流程

原料处理→配料泡制→成品

3. 操作要点

（1）原料处理　将饱满的鲜黄豆洗净，晾干。

（2）配料泡制　取精盐和适量的清水放入锅中，置火上烧沸成盐水，然后离火晾凉。将黄豆放入泡菜坛中，均匀地撒入鲜花椒，倒入盐水浸泡黄豆，加盖坛盖，并用水密封。泡腌 20 天左右，待豆腥消失，即可食用。

4. 产品特点

麻香可口，佐餐佳品，开胃助食。

（六）泡嫩黄豆

1. 产品配方

嫩黄豆 5kg，盐水 6kg（凉开水 5kg 加精盐 1kg），精盐 300g，红糖 100g，干红辣椒 100g，醪糟汁 50g，白酒 25g，食用碱 25g，香料包（内含花椒、八角、小茴香和桂皮各 10g）1 个。

2. 工艺流程

原料处理→入坛泡制→成品

3. 操作要点

（1）原料处理　将选取的鲜嫩黄豆淘洗干净，放入有食用碱的开水锅中烫至不能再生发芽，捞起用沸水漂洗后晾凉，用清水泡 4 天，取出沥干水分。

（2）入坛泡制　将盐水、红糖、干红辣椒、白酒、醪糟汁和精盐一并放入坛中，搅拌使红糖和精盐溶化后，放入嫩黄豆及香料包，盖上坛盖，加足坛沿水。泡制 1 个月左右，即可食用。

4. 产品特点

质地脆嫩，味咸酸甜。

5. 注意事项

原料黄豆漂烫处理是为了保持本色，加碱是为了断生快。

（七）泡青豌豆

1. 产品配方

青豌豆粒 300g，胡萝卜 75g，蒜末 20g，朝鲜族辣酱 5 大匙，白糖 1 小匙，米醋 1 小匙，精盐 1/2 小匙，味精少许。

2. 工艺流程

原料处理→腌泡料制备→腌泡→成品

3. 操作要点

（1）原料处理　将豌豆粒洗净。将胡萝卜洗净，切成 1cm 见方的小丁。用沸水分别将豌豆粒和胡萝卜丁焯透，捞出冲凉。

（2）腌泡料制备　将蒜末、精盐、白糖、味精、米醋、朝鲜族辣酱放入碗中调匀，制成腌泡料。

（3）腌泡　将豌豆粒、胡萝卜丁放入容器中，加入腌泡料拌匀，腌泡 24h，即可食用。

4. 产品特点

色彩诱人，清香可口。

（八）四季豆泡菜

1. 产品配方

四季豆 600g，白醋 100mL，盐 30g，糖 30g。

2. 工艺流程

原料处理→腌泡→成品

3. 操作要点

（1）原料处理　四季豆洗净，去头尾及老筋。将盐均匀地撒在四季豆上，约 2h 翻动 1 次，腌 24h。将腌过的四季豆洗净，冲清水约 40min，再晾干约 12h。

（2）腌泡　将白醋、糖加入四季豆中，拌匀，放入冰箱腌制 4～5 天，即可食用。

4. 产品特点

质地鲜嫩，酸甜可口。

5. 注意事项

四季豆需先用盐腌，以除去多余水分。

（九）泡豆角 I

1. 产品配方

豆角 5kg，盐 300g，辣椒 200g，蒜 100g，生姜 100g，白酒 50g。

2. 工艺流程

泡菜水制备→原料整理→入坛泡制→成品

3. 操作要点

（1）泡菜水制备　将辣椒洗净，去蒂、去籽，切成细丝。生姜去皮，洗净，沥干，切成细丝。将盐、蒜、辣椒、生姜放入凉开水里，注入泡菜坛内泡 1 个月。

（2）原料整理　将新鲜、无病虫害的豆角洗净、焯熟、沥干后待用。

（3）入坛泡制　将豆角放入提前制备好的泡菜水中，同时加入白酒，再泡 10 天左右，即可食用。

4. 产品特点

味浓菜嫩，风味独特，四川风味。

5. 注意事项

① 豆角一定选择质量好的，择洗干净。

② 因为泡菜水需 1 个月的时间才能制备好，所以不可等到择豆角时再着手准备，需要提前做好准备。

（十）泡豆角Ⅱ

1. 产品配方

豆角 100kg，食盐 20kg，花椒适量。

2. 工艺流程

原料整理→入缸泡制→成品

3. 操作要点

（1）原料整理　将新鲜、无病虫害的豆角洗净，择掉两边的筋，焯水，沥干。

（2）入缸泡制　把食盐、花椒放入缸中，用 100kg 开水将盐溶化为盐水。待晾凉后，把豆角腌在盐水中。泡制 7 天后，即可食角。

4. 产品特点

带有花椒的气息和味道。

5. 注意事项

① 食盐必须全部溶解。

② 豆角必须完全浸泡在盐水之中。

（十一）甜酸豆角

1. 产品配方

鲜豆角 5kg，盐 500g，蒜 250g，白糖 150g，醋 150g，生姜 100g，白酒 100g，花椒 15g。

2. 工艺流程

原料处理→入坛泡制→成品

3. 操作要点

（1）原料处理　将鲜豆角掐去两端，去边筋，洗净、焯熟，放在日光下晒至七八成干，待用。将蒜去皮后蒜瓣儿切小块儿，生姜去皮洗净后切薄片，备用。

（2）入坛泡制　将豆角装坛。用 5kg 水把盐、白糖溶化，煮沸晾凉后，再将白酒、花椒、醋、蒜块儿、姜片儿一起倒入坛内泡腌豆角。泡制约 10 天后，即可食用。

4. 产品特点

味酸甜微咸，口感脆嫩。

5. 注意事项

① 豆角须择好，把边筋去掉。

② 鲜豆角（焯熟）也可晒至五六成干，这样有脆嫩感，晒到何种程度可根据个人喜好选择。

第五节　水果类泡菜加工实例

一、苹果

（一）泡苹果

1. 产品配方

苹果 2kg，老盐水 1kg，食盐 100g，干红辣椒 60g，红糖 20g，白酒 20mL，白菌（又叫珍珠菇）20g。

2. 工艺流程

原材料处理→入坛泡制→成品

3. 操作要点

（1）原材料处理　选新鲜无伤苹果，去皮去籽，纵剖为两半，放入凉开水中防变色。

（2）入坛泡制　以干红辣椒垫底，将苹果放入干净的泡菜坛中。另将老盐水、食盐、红糖、白酒等各种调料调匀，倒入坛内。加盖坛盖，并加足坛沿水，泡至入味。

4. 产品特点

果香十足，脆嫩，甜中带辣。

（二）泡糖醋苹果

1. 产品配方

苹果 1kg，白糖 250g，红醋 50g，食盐 2g，纯净水适量。

2. 工艺流程

原料整理→入坛泡制→成品

3. 操作要点

（1）原料整理　将苹果洗净，去皮及核，切成橘瓣块。

（2）入坛泡制　取一小泡菜坛，装入苹果块，加入白糖、红醋和食盐，再注入纯净水，加盖晃匀，泡约 3 天，即为成品。

4. 产品特点

酸甜可口，风味突出。

（三）泡飘香苹果

1. 产品配方

苹果 500g，葡萄酒 100g，白糖 50g，白醋 25g，矿泉水适量。

2. 工艺流程

原料整理→泡制→成品

3. 操作要点

（1）原料整理　将苹果洗净，擦干表面水分，切成梳背形厚片，待用。

（2）泡制　将矿泉水倒入保鲜盒内，加入白糖、白醋和葡萄酒搅至溶化，再放入苹果片，盖上盖子，置于冰箱冷藏室，泡制 12 天至入味，捞起装盘食用。

4. 产品特点

味道鲜美，酒香味突出。

（四）咸酸味泡苹果

1. 产品配方

红富士苹果 500g，18％食盐溶液 1kg，香料盐水 1kg，白糖 25g，明矾 12g。

2. 工艺流程

原材料处理→泡制→成品

3. 操作要点

（1）原材料处理　将明矾倒入 1kg 冷开水中，充分搅匀。选新鲜无伤红富士苹果去皮，切成大小均匀的 6 瓣，去核。立即浸泡在明矾水中 10min，然后捞到 18％食盐溶液中浸泡 30min。

（2）泡制　将苹果捞入泡菜盆中，倒入香料盐水和白糖，泡至入味。

4. 产品特点

色泽如新，脆嫩鲜香，风味独特。

（五）甜橙味泡苹果

1. 产品配方

红富士苹果 500g，15％食盐溶液 1kg，香料盐水 1kg，白醋 620g，白糖

500g，甜橙粉末 50g，甜橙浓缩汁 50g，泡菜盐 25g，明矾 6g，柠檬酸粉末 5g。

2. 工艺流程

原材料处理→泡制→成品

3. 操作要点

（1）原材料处理　将明矾倒入 500g 冷开水中，充分搅匀，待用。再取 500g 冷开水倒入泡菜盆中，放入泡菜盐、白醋、柠檬酸粉末、甜橙浓缩汁、甜橙粉末、白糖搅匀，即为甜橙水，待用。选新鲜无伤红富士苹果去皮，切成大小均匀的 6 瓣，去核，立即浸泡在明矾水中 10min，然后捞到 15％食盐溶液中浸泡 20min。

（2）泡制　将苹果捞入香料盐水中浸泡 15min，再捞入甜橙水中泡至入味。

4. 产品特点

脆嫩甜酸，独特复合水果味，醒酒佳品。

二、梨

（一）泡木梨

1. 产品配方

木梨 1kg，泡辣椒盐水 1kg，鲜红辣椒 200g，食盐 25g，醪糟汁 20mL，白糖 20g，红糖 5g，白菌 5g。

2. 工艺流程

原材料处理→入坛泡制→成品

3. 操作要点

（1）原材料处理　选新鲜成熟的木梨，逐一去皮挖核，放入清水中，以免氧化。全部操作完毕即入沸水中焯一下，捞出，晾干。

（2）入坛泡制　将泡辣椒盐水、食盐、醪糟汁、白糖、红糖等各调料调匀入坛，再放入木梨及白菌，盖好坛盖，加足坛沿水，泡至入味。

4. 产品特点

色微黄，脆甜，微辣。

（二）泡甜辣梨

1. 产品配方

雪梨 1000g，白糖 150g，辣椒粉 50g，蒜瓣 50g，食盐 5g，开水 750g。

2. 工艺流程

原材料处理→配料泡制→成品

3. 操作要点

（1）原材料处理　将雪梨洗净，削皮去蒂，切为两瓣后，用小刀剜去籽核，将雪梨肉切成不规则的滚刀块。另将蒜瓣剁成末。

（2）配料泡制　将辣椒粉和白糖放入保鲜盒，倒入开水，搅拌均匀，待其晾冷后，加入蒜末和食盐搅匀，放入雪梨块，加盖泡 3 天至入味，即为成品。

（三）咸酸味泡雪梨

1. 产品配方

雪梨 500g，15％食盐溶液 1kg，香料盐水 1kg，明矾 6g。

2. 工艺流程

原料处理→入坛泡制→成品

3. 操作要点

（1）原料处理　将明矾倒入 500g 冷开水中，充分搅匀。选新鲜无伤雪梨去皮，切成大小均匀的 6 瓣（小个切 4 瓣），去核，浸泡在明矾水中 10min，然后捞到 15％食盐溶液中浸泡 15min。

（2）入坛泡制　将雪梨块捞入泡菜坛中，倒入香料盐水，泡至入味。

4. 产品特点

色白质嫩，咸酸爽口，风味独特。

（四）甜橙味泡雪梨

1. 产品配方

雪梨 500g，15％食盐溶液 1kg，香料盐水 1kg，白醋 620g，白糖 500g，甜橙粉末 50g，泡菜盐 25g，甜橙浓缩汁 20g，明矾 6g，柠檬酸粉末 5g。

2. 工艺流程

原料处理→泡制→成品

3. 操作要点

（1）原料处理　将明矾倒入 500g 冷开水中，充分搅匀，待用。再取 500g 冷开水倒入泡菜盆中，放入泡菜盐、白醋、柠檬酸粉末、甜橙浓缩汁、甜橙粉末、白糖搅匀，即为甜橙水，待用。选新鲜雪梨去皮，切成大小均匀的 6 瓣（小个切 4 瓣），去核，立即浸泡在明矾水中 10min，然后捞到 15％食盐溶液中浸泡 20min。

（2）泡制　将雪梨捞入香料盐水中浸泡 15min，再捞入甜橙水中，泡至入味。

4. 产品特点

色白质嫩，复合水果味独特，醒酒佳品。

（五）韩国水梨泡菜

1. 产品配方

水梨（切片）100g，芹菜（切段）60g，辣椒酱40g，白醋40g，胡萝卜丝30g，糖10g，食盐5g，水25g。

2. 工艺流程

原料处理→预腌泡→二次腌泡→冷藏→成品

3. 操作要点

（1）原料处理　将水梨洗净，彻底沥干后切成8片，去核去蒂。

（2）预腌泡　将处理好的水梨与芹菜及胡萝卜丝一同加入适量的食盐搅拌均匀，腌泡1天，使其自然软化后，再倒除1/2分量的盐水。

（3）二次腌泡　将剩余的食盐、糖10g、白醋40g、辣椒酱40g、水25g加入上述材料中腌制12h，中间多次翻动使其入味。

（4）冷藏　将内含水梨泡菜的容器放于冰箱中，冷藏1～2天，使其入味。

4. 产品特点

味道酸辣，促进食欲。

三、山楂

（一）清泡山楂

1. 产品配方

鲜山楂500g，纯净水500g。

2. 工艺流程

原料整理→泡制→成品

3. 操作要点

（1）原料整理　将鲜山楂洗净，去蒂，用筷子捅去籽，待用。

（2）泡制　坐锅点火，倒入纯净水烧开，下入山楂煮熟，倒在保鲜盒内凉透，加盖置阴凉处，入坛泡制4天，即可捞起装盘食用。

4. 产品特点

消食开胃，解腻爽口。

（二）冰糖泡山楂

1. 产品配方

鲜山楂 500g，冰糖 30g，纯净水 500g。

2. 工艺流程

原料处理→入坛泡制→成品

3. 操作要点

（1）原料处理　将鲜山楂洗净，去蒂，用筷子捅去籽，待用。

（2）入坛泡制　坐锅点火，倒入纯净水烧开，放入冰糖煮至溶化成冰糖汁，离火凉透，把冰糖汁倒入小泡菜坛内，放入山楂，加盖密封。入坛泡制 15 天，即可捞起盛盘食用。

4. 产品特点

酸酸甜甜，别具风味。

（三）桂花泡山楂

1. 产品配方

鲜山楂 500g，白糖 100g，桂花酱 25g，纯净水 500g。

2. 工艺流程

原材料处理→泡制→成品

3. 操作要点

（1）原材料处理　鲜山楂洗净，去蒂，用筷子捅去籽，待用。

（2）泡制　坐锅点火，倒入纯净水和白糖烧开，下入山楂煮熟，倒在保鲜盒内凉透，再加入桂花酱搅匀。加盖置阴凉处，泡制 4 天，即可捞起装盘食用。

4. 产品特点

风味独特，解腻消食。

四、其他

（一）泡柚子

1. 产品配方

柚子 1kg，老盐水 1kg，食盐 30g，白糖 25g，鲜红辣椒 50g，醪糟汁 25mL，白菌 10g。

2. 工艺流程

原材料处理→入坛泡制→成品

3. 操作要点

（1）原材料处理　选新鲜无伤柚子，去壳去皮，剥开成柚瓣，入清水中稍泡即捞出，沥干。

（2）入坛泡制　以鲜红辣椒垫底，再往泡菜坛中放入柚瓣和白菌。另将老盐水与食盐、白糖、醪糟汁调匀后倒入坛内。盖好坛盖，加足坛沿水，泡至入味。

4. 产品特点

晶莹透亮，色泽诱人。酸甜可口，开胃解腻。

（二）泡橘子Ⅰ

1. 产品配方

橘子 500g，冰糖 75g，枸杞子 10g，纯净水 400g，蜂蜜适量。

2. 工艺流程

原材料处理→配料泡制→成品

3. 操作要点

（1）原材料处理　橘子去皮，分瓣，用手撕去表层白色筋络，待用。

（2）配料泡制　坐锅点火，倒入纯净水烧开，加冰糖煮至溶解，倒入保鲜盒内凉透，放入蜂蜜、枸杞子和橘子瓣，加盖密封。泡 3 天至入味，即可捞出食用。

4. 产品特点

甜中微酸，清香可口。

（三）泡橘子Ⅱ

1. 产品配方

橘子 500g，冰糖 50g，蜂蜜 30g，纯净水 400g。

2. 工艺流程

原材料处理→泡制→成品

3. 操作要点

（1）原材料处理　将橘子去皮，分瓣，用手撕去表层白色筋络，待用。

（2）泡制　纯净水烧开，加冰糖至溶解，倒在保鲜盒内晾冷，加入蜂蜜搅匀，再放入橘子，加盖密封泡约 3 天，即可捞起盛盘食用。

4. 产品特点

甜香可口，果味十足。

（四）泡荸荠

1. 产品配方

鲜荸荠 2kg，泡辣椒盐水 2kg，食盐 40g，红糖 20g，白糖 40g，鲜红辣椒 200g，白酒 20g，醪糟汁 40g，白菌 20g。

2. 工艺流程

原材料处理→入坛泡制→成品

3. 操作要点

（1）原材料处理　选新鲜无伤的荸荠，洗净，去皮，放入清水中浸泡出淀粉，再用沸水焯一下，捞出，晾干。

（2）入坛泡制　将荸荠、白菌放入干净的泡菜坛内。另将泡辣椒盐水、食盐、红糖、白糖等所有佐料调匀后倒入坛内，盖好坛盖，加足坛沿水，泡至入味。

4. 产品特点

香甜可口，咸辣兼具。

5. 注意事项

入坛泡制前荸荠一定要把外浮淀粉去除干净，以免影响入坛泡制的色泽口感。

（五）泡酸甜香瓜

1. 产品配方

香瓜 500g，纯净水 500g，白糖 100g，食醋 50g，食盐 12g，生姜丝 10g，茴香 5g。

2. 工艺流程

原材料处理→腌渍→成品

3. 操作要点

（1）原材料处理　将香瓜放在清水中洗去泥渍和茸毛，去蒂，横着切成 0.3cm 厚的片。将香瓜片加食盐拌匀，腌约 24h，沥尽盐水。

（2）腌渍　锅置火上，添入纯净水，放生姜丝、茴香、白糖和食醋，调成酸甜口味，离火晾冷。把香瓜片装在泡菜坛内，倒入味汁。盖好盖子，加足坛沿水，泡约 5 天至入味，即可食用。

4. 产品特点

味道鲜美，风味突出。

（六）泡小蜜蜂葡萄

1. 产品配方

小蜜蜂葡萄 1kg，白糖 200g，白酒 50g，盐 10g。

2. 工艺流程

原材料处理→入坛泡制→成品

3. 操作要点

（1）原材料处理　将葡萄摘蒂，用凉开水反复冲洗干净，沥干水分。

（2）入坛泡制　取干净泡菜坛，加入适量凉开水，放入白糖、白酒、盐，搅拌均匀。将葡萄装入坛中。盖严坛盖，加好坛沿水。泡制 7 天，即可食用。

4. 产品特点

酸甜可口，风味独特。

5. 注意事项

① 应选用大小均匀且形态完好的葡萄。

② 在摘蒂和冲洗葡萄的过程中，小心操作，勿使葡萄破裂。

（七）橘子泡苹果

1. 产品配方

橘子 5 个，苹果 1 个，冰糖 75g，纯净水 500g。

2. 工艺流程

原材料处理→泡制→成品

3. 操作要点

（1）原材料处理　将橘子去皮，分瓣，用手撕去表层白色筋络，待用。苹果洗净，去皮及核，切成梳背块，待用。

（2）泡制　坐锅点火，倒入纯净水烧开，加冰糖煮至溶解，倒入苹果块煮 2min，再下入橘子续煮 1min。倒入保鲜盒内凉透，加盖密封泡 3 天，即可食用。

4. 产品特点

清香可口，果味浓郁。

（八）香梨泡山楂

1. 产品配方

山楂 500g，香梨 2 个，冰糖 50g，橙汁 20g，纯净水 500g。

2. 工艺流程

原材料处理→泡制→成品

3. 操作要点

（1）原材料处理　将鲜山楂洗净，去蒂，用筷子捅去籽，待用。将香梨洗净，去皮及核，切成同山楂大小一样的方块，待用。

（2）泡制　坐锅点火，倒入纯净水和冰糖烧开，下入山楂煮熟，倒在保鲜盒内凉透，再加入香梨块和橙汁搅匀。加盖密封，泡制 5 天，即可捞出装盘食用。

4. 产品特点

酸甜适宜，清香爽口。

（九）泡西瓜皮

1. 产品配方

西瓜皮 500g，白糖 50g，白醋 30g，白酒 10g，干红辣椒 10g，味精 5g，精盐 3g，姜丝、蒜末各少许。

2. 工艺流程

原料整理→入坛泡制→成品

3. 操作要点

（1）原料整理　将西瓜皮洗净，片去外边一层硬皮，并去除内部的红瓤，将剩下部分切成条状，再次冲洗干净，并晾干表面水分。

（2）入坛泡制　将西瓜皮条装入泡菜坛内。并将白醋、白糖、精盐、白酒、干红辣椒、姜丝、蒜末等各种调料混合调匀后，倒入泡菜坛内。泡渍 2 天后，即可食用。

4. 产品特点

质地脆嫩，鲜咸微酸，清香可口。

（十）韩国苹果柠檬泡菜

1. 产品配方

青苹果 500g，柠檬 200g，食盐 10g，糖 40g，白醋 5g，冷开水 300g。

2. 工艺流程

原材料处理→泡制→成品

3. 操作要点

（1）原材料处理　将食盐放入冷开水中溶解，备用。将青苹果洗净沥干，每个切成 16 小块，加入溶解好的盐水拌匀，腌渍约 15min 后，将盐水滤除。将柠檬洗净，切成 0.3cm 的薄片备用。

（2）泡制　将柠檬、青苹果和糖、白醋一起搅拌匀，泡至入味。

4. 产品特点

酸甜适口，开胃消食。

5. 注意事项

① 泡制期间需翻动多次，以利于入味均匀。

② 成品可放入容器中，加盖冷藏。

第六节　食用菌泡菜加工实例

一、菇类

（一）蘑菇泡菜

1. 产品配方

新鲜蘑菇20kg，卷心菜、芹菜、莴苣、胡萝卜、青椒各4kg，生姜、白酒、花椒各500g，白糖、盐适量。

2. 工艺流程

原料预处理→泡菜水制备→入坛泡制→成品

3. 操作要点

（1）原料预处理　将原料中的蘑菇、蔬菜用清水洗净沥干，芹菜去叶后切成2～3cm长的小段，其他菜切成5～6cm长的条。

（2）泡菜水制备　泡菜水以硬水为好（可保脆），每10kg水加盐800g，在锅中煮沸后离火冷却待用。为了加快泡制速度，可在新配制的泡菜中加入少量品质良好的陈泡菜水。

（3）入坛泡制　将蘑菇及切好的蔬菜和花椒、白酒、生姜、白糖等拌匀，投入洗净的泡菜坛内，倒入泡菜水，加盖后在坛顶水槽内加满清水封口，密封后经自然发酵，即可取出食用。

4. 产品特点

味道鲜美，食用时可凉拌，也可加佐料烹炒。

5. 注意事项

各原料必须新鲜，无霉变、无腐烂、无杂质。

（二）泡鲜蘑菇

1. 产品配方

新鲜蘑菇1kg，精盐800g，胡萝卜、白菜、青椒、包菜、芹菜、扁豆和莴笋各 500g，花椒、鲜姜和白酒各 50g。

2. 工艺流程

原料预处理→入坛泡制→成品

3. 操作要点

(1) 原料预处理　将新鲜蘑菇、胡萝卜、白菜、青椒、包菜、芹菜、扁豆和莴笋分别择洗干净，沥干水分。芹菜切成 2cm 长的条段，蘑菇和其他蔬菜切成 5cm 左右的长条。

(2) 入坛泡制　将处理过的原料放入泡菜坛内。同时，将花椒、鲜姜、白酒一同放入容器内调匀后，倒入泡菜坛中。最后，将精盐溶化在煮沸的 3kg 清水中，并晾凉后倒入泡菜坛。加盖并添足坛沿水，在室内泡制 10 天左右，让其自然发酵，即可食用。

4. 产品特点

色泽丰富，麻辣鲜香，酸咸适度，清爽可口，武汉风味。

5. 注意事项

各原料必须新鲜，无霉变、无腐烂、无杂质。

(三) 平菇泡菜

1. 产品配方

平菇 40kg，白菜、黄瓜、芹菜、胡萝卜、扁豆、青辣椒各 10kg，白酒 1kg，鲜姜丝、花椒、辣椒、白糖、精盐各适量（根据口味适当添加）。

2. 工艺流程

原料预处理→日晒→配料装坛→泡制→成品

3. 操作要点

(1) 原料预处理　取新采收的平菇，保留菌柄 2cm 左右，去掉培养基等杂物，放入开水中煮沸 5～8min，不断翻动，以便受热均匀。然后捞出浸于流动冷水中冷却，取出沥尽余水，切成 4～5cm 的长条或薄片备用。将芹菜去掉叶和根，胡萝卜去掉毛根，青辣椒去掉柄和籽，其他原料取可食部分，去掉杂质，用清水洗净，置筛上沥干余水，用不锈钢刀将芹菜切成 2～3cm 的短段，其余原料切成 4～5cm 的长条或薄片备用。

(2) 日晒　将以上各料置于竹筛中在阳光下晒 1～2h，蒸发掉表面水分，然后在较大容器内将各料混合均匀。混合时将白酒、鲜姜丝和花椒等一并混合在料内。

(3) 配料装坛　混合好的原料装入清洗过的泡菜坛或大缸中，倒入冷却的盐水（盐水浓度为：100kg 水加精盐 8kg）。盐水用量以浸没料面 1～2cm 为宜。用量太少影响泡菜口味，发酵不匀易臭坛。用量过多发酵时间长，有失风味。

（4）泡制　装坛后，立即加盖用水密封，保证坛内处于缺氧状态。然后将坛或缸置于 15～20℃温度下自然发酵，经 10～15 天发酵完毕，即可食用。

4. 产品特点

清香可口，耐贮藏。

5. 注意事项

各原料必须新鲜，无霉变、无腐烂、无杂质。

（四）滑菇泡菜

1. 产品配方

滑菇，食盐，柠檬酸，偏磷酸钠，明矾。

2. 工艺流程

原料处理→杀青→制备盐液→腌渍→调酸→成品

3. 操作要点

（1）原料处理　去除菌根，淘汰畸形菇，削去老化曲柄，用食盐溶液（每 50kg 水加 0.3kg 食盐）清洗。先洗去鲜菇表面杂质，然后用柠檬酸溶液（pH 值为 4.5）漂洗，以改变菌体色泽。

（2）杀青　在不锈钢锅或铝锅中加入 10% 的盐水，水与菇的比例为 10：4。盐水沸腾后，将滑菇装在竹筛中（装入量为容器容积的 3/5）一同放入，并不断摆动，使菌体全部浸入沸水中，然后去除泡沫。煮沸时间为 7～10min，以达到菌体没有白心，内外均为淡黄色为宜。煮好后连筛取出，放入流动的清水中冷却 20～30min。使用过的锅中盐水可连续使用 5～6 次，当使用 2～3 次后，每次应适量补充一些食盐。

（3）制备盐液　先制备饱和盐水，准备按水与盐 1：4，将食盐用开水溶化，用波美密度计测其浓度为 23 波美度左右时，再放入少量明矾，静置冷却后取其上清液用 8 层脱脂纱布过滤，使盐水清澈透明，即为饱和盐水。加入专用缸内，用布盖好，再盖上缸盖备用。然后配制调酸剂，用柠檬酸 50%，偏磷酸钠 42%，明矾 8%，混合均匀后，加入饱和盐水中，再用柠檬酸调 pH 值为 3（夏季）或 pH 值为 3.5（冬季）即成。

（4）腌渍　容器消毒后，经开水冲洗。将杀青后分级并沥干水分的滑菇，按每 100kg 加 20～30kg 食盐的比例逐层盐渍。先在缸底放一层盐，接着放一层菇。滑菇厚度 8cm 左右，依次重复摆放，直至缸满为止，缸内注入煮沸后冷却的饱和盐水。表面放入竹帘，并压上石头，使滑菇浸没在盐水内，3 天必须翻缸一次，以后 5～7 天倒缸一次。过程中经常检测盐水浓度，缸口要用纱布和缸盖盖好。持续 20 天。

(5) 调酸　将盐渍好的菇从缸内捞出，沥干，放入净桶内，将新配制的调酸剂倒至菇面，用精盐封好口，排除桶内空气，盖好内外盖，储藏。

4. 产品特点

清香可口，酸咸适宜。

5. 注意事项

要求滑菇菌盖完整。当天采收的滑菇应当天加工，切勿过夜。

(五) 草菇泡菜

1. 产品配方

草菇，食盐，柠檬酸。

2. 工艺流程

原料处理→杀青冷却→腌渍→转缸调酸→成品

3. 操作要点

(1) 原料处理　将采后草菇整理菇脚，削去杂质，用清水漂洗，除去菌体表面的泥沙。

(2) 杀青冷却　将洗净后的草菇放入沸水中煮 3～5min，以煮透菌体中心为度。煮后立即捞起放入冷水中冷却，直至菌体中心凉透为止，否则容易长霉、腐败。

(3) 腌渍　按一层盐一层菇的顺序装缸，装至大半缸时，向缸内倾入饱和盐水（即 100kg 水中加 40kg 盐煮沸溶解，用纱布过滤，冷却，取上清液）。盐渍时饱和盐水一定要淹没菇层，上面压重物。

(4) 转缸调酸　在盐渍过程中要转一次缸，以促使盐分均匀，排除不良气体。若有不良气体生成，说明盐度不够，还需加盐。渍制 20 天左右即可加入调酸的饱和盐水调酸。调酸的饱和盐水，即在饱和盐水中加入 0.5％的柠檬酸。

4. 产品特点

清香可口，酸咸适宜。

5. 注意事项

① 草菇长到鸡蛋大小（蛋形期），饱满，光滑，伞盖与伞柄破裂时质量最好。开伞后不宜做盐水菇。

② 杀青时可用清水煮，也可用 5％～7％盐水煮。

③ 腌渍过程中，如果菌体露出盐水，就会在空气中变色、腐烂。

④ 食用前，建议草菇放入清水中浸泡脱盐，或在 0.1％柠檬酸液中煮 8min 脱盐，再在清水中漂酸。

（六）香菇泡菜

1. 产品配方

鲜香菇 500g，红辣椒 100g，虾酱 120g，辣椒粉 75g，蒜末 25g，精盐 2 大匙，白醋 2 小匙，味精 1 小匙，白糖 1 小匙。

2. 工艺流程

原料处理→腌泡料制备→腌泡→成品

3. 操作要点

（1）原料处理　鲜香菇去蒂，洗净，入水焯烫，捞出过凉。红辣椒洗净，去蒂及籽，切成菱形片。将香菇、红辣椒片装入容器中，加入精盐腌渍 2h，捞出挤干水分。

（2）腌泡料制备　将蒜末、辣椒粉、白糖、白醋、虾酱、味精放入大碗中调匀，制成腌泡料。

（3）腌泡　将预处理过的香菇、红辣椒片放入腌泡料中，拌匀，盖上保鲜膜，放入冰箱冷藏，腌渍 2 天，即可食用。

（七）金针菇泡菜

1. 产品配方

金针菇，0.05％焦亚硫酸钠溶液，柠檬酸，食盐。

2. 工艺流程

原料清理→护色处理→杀青冷却→腌渍→调酸→成品

3. 操作要点

（1）原料清理　将采后金针菇及时切去根部，并用清水洗净、沥干。

（2）护色处理　将洗净后的金针菇浸入 0.05％焦亚硫酸钠溶液中，护色处理 10min，并经常上下翻动，使菌体处理均匀。然后捞出用清水冲洗 3～5 次，洗去残留的焦亚硫酸钠。

（3）杀青冷却　清水中加柠檬酸 0.2％和食盐 10％，水：菇为（5～10）：1。用旺火把杀青水烧开，放入已经护色的金针菇，杀青 3～5min，捞出用冷水迅速冷却。

（4）腌渍　杀青后将金针菇放入桶或缸内，加入饱和盐水。并在饱和盐水内添加 2％的柠檬酸。盐水必须淹没菌体，并用竹箔压下菌体，不能让菌体浮出液面，以防腐烂。每日测定盐水浓度，若咸度降至 20％以下，应加盐至 22 波美度。经过 7～10 天，菌体的咸度与盐液的咸度达到平衡。

（5）调酸 已达平衡的金针菇，捞出装入干净桶内，加入调酸的饱和盐水（即在饱和盐水中加入 0.5％的柠檬酸）。盐水必须加满，盖上内盖，使菌体没入液面，旋紧外盖，储藏。

4. 产品特点

清香可口，酸咸适宜。

5. 注意事项

① 金针菇采后见光易氧化褐变，使颜色加深，因此要尽快进行护色处理。

② 饱和盐水，即 100kg 水中加 40kg 盐煮沸溶解，用纱布过滤，冷却。

(八) 猴头菇泡菜

1. 产品配方

猴头菇，焦亚硫酸钠，柠檬酸，食盐。

2. 工艺流程

原料清理→护色处理→杀青冷却→腌渍→调酸→成品

3. 操作要点

（1）原料清理 将鲜猴头菇切去带苦味的菌柄，并用清水洗净、沥干。

（2）护色处理 用 0.05％～0.1％的焦亚硫酸钠溶液浸泡 10～20min，使菌体变白色。用 2 份溶液浸泡 1 份鲜菇，使菌体充分浸泡，再用清水冲洗 3～5 次。

（3）杀青冷却 用 9％的盐水煮 3～5min，这种盐水可连用 3～5 次，但每次应加入适量的盐。杀青后的猴头菇用冷水冷却。

（4）腌渍 在缸内先撒一层食盐，再铺一层菇，依次一层盐一层菇地装缸，盐和鲜菇的比例是 40：100，最后倒入饱和盐水。经过 20 天左右的盐渍，菌体咸度达到 20～22 波美度时，便可装桶。

（5）调酸 将盐渍好的猴头菇从缸内捞出，沥干，放入净桶内，加入调酸的饱和盐水，至盐水 pH 值为 3.0～3.5，盖上桶盖，储藏。

4. 产品特点

清香可口，酸咸适宜。

5. 注意事项

① 猴头菇见光易氧化褐变，使颜色加深，因此要尽快进行护色处理。

② 饱和盐水，即 100kg 水中加 40kg 盐煮沸溶解，用纱布过滤，冷却。

③ 调酸的饱和盐水，即在饱和盐水中加入 0.5％的柠檬酸。

（九）大球盖菇泡菜

1. 产品配方

大球盖菇，食盐。

2. 工艺流程

原料整理→漂洗沥水→预煮冷却→入缸腌渍→成品

3. 操作要点

（1）原料整理　要求子实体在八九分成熟，即菌膜未破裂时采收的鲜菇作原料。消除菌根，清理杂物，剔除开伞菇。

（2）漂洗沥水　将整理好的大球盖菇，及时用清水漂洗，洗去尘埃、杂质，捞出沥去表面水分。

（3）预煮冷却　将漂洗沥干水分的鲜菇放入 5％左右的盐水中进行预煮。操作时先将鲜菇装在竹篮或不锈钢制的有孔框里，待锅中盐水沸后下锅煮，以沸水后计时约 5min，剖开无白心为宜。然后连篮（框）一起取出，置于流动的清水中迅速冷却。

（4）入缸腌渍　将预煮冷却沥水的大球盖菇，用事先清洗干净的缸或桶作容器，按菇盐比 100：（25～30）的比例逐层盐渍。先在容器底部撒一层盐，再放入 8～9cm 厚的大球盖菇，依次一层盐、一层菇，直至装满缸（桶）为止，最后注入事先调配好并经纱布过滤的饱和盐水。菇面加竹帘，上用清洁石块压实，使菌体淹没在盐水中，以防浮起氧化变质。3 天后翻缸，盐水浓度低于 1 波美度时，可用饱和盐水调整。以后，每隔 5～7 天要翻缸一次，稳定在 21％～23％盐水浓度下，一般要盐渍 20 天以上。

4. 产品特点

咸香可口，佐菜佳品。

5. 注意事项

① 漂洗沥水过程中，注意不要碰伤菌体。

② 饱和盐水，即 100kg 水中加 40kg 盐煮沸溶解，用纱布过滤，冷却。

二、木耳类

（一）咸酸味泡木耳

1. 产品配方

干木耳 100g，香料盐水 4kg，白糖 50g，白酒 20g，醪糟汁 20g，香料包

（内含白菌 20g，干辣椒 15g，八角 5g，排草 5g，灵草 5g）1 个。

2. 工艺流程

原料预处理→泡制→成品

3. 操作要点

（1）原料预处理　选择乌黑光润、片大均匀、杂质少、有清香的优质木耳用清洁冷水泡发 1h，择洗干净，沥干水分。

（2）泡制　在泡发木耳的同时，将各种佐料、香料包和香料盐水放入泡菜盆中。待木耳无水分时即捞入盆中泡制，直至入味，即可食用。

4. 产品特点

色棕黑，脆嫩鲜香，咸酸适中。

5. 注意事项

① 泡制木耳的香料盐水不能太咸，否则泡木耳易过咸。

② 木耳须用冷水泡发才会更脆，口感也更好，只是冷水泡发时间稍长些。

（二）酸辣味泡木耳

1. 产品配方

干木耳 100g，酸辣盐水 3kg，野山椒水 1kg，白糖 50g，白酒 20g，醪糟汁 20g，香料包（内含白菌 20g，干辣椒 15g，八角 5g，排草 5g，灵草 5g）1 个。

2. 工艺流程

原料预处理→泡制→成品

3. 操作要点

（1）原料预处理　选择乌黑光润、片大均匀、杂质少、有清香的优质木耳用清洁冷水泡发 1h，择洗干净，沥干水分。

（2）泡制　在泡发木耳的同时，将各种佐料、香料包和香料盐水放入泡菜盆中。待木耳无水分时即捞入盆中泡制，直至入味，即可食用。

4. 产品特点

色棕黑，脆嫩鲜香，酸辣爽口。

5. 注意事项

① 泡制木耳的香料盐水不能太咸，否则泡木耳易过咸。

② 木耳须用冷水泡发才会更脆，口感也更好，只是冷水泡发时间稍长些。

（三）甜酸味泡银耳

1. 产品配方

银耳 100g，香料盐水 2kg，白糖 500g，醪糟汁 30g，白酒 10g，香料包（内含白菌 20g，干辣椒 15g，八角 5g，排草 5g，灵草 5g）1 个。

2. 工艺流程

原料预处理→泡制→成品

3. 操作要点

（1）原料预处理　将银耳放入清洁冷水中泡发 1h，择洗干净，沥干水分待用。

（2）泡制　在泡发银耳的同时，将所有佐料、香料盐水、香料包倒入泡菜盆中，尽量使白糖溶化，待银耳水分沥干后，放入泡制，直至入味，即可食用。

4. 产品特点

色洁白，味甜酸爽口，脆嫩芳香。

5. 注意事项

① 泡制银耳的香料盐水不能太咸，否则泡银耳易过咸。

② 银耳须用冷水泡发才会更脆，口感也更好，只是冷水泡发时间稍长些。

第七节　海产品泡菜加工实例

一、海带

（一）泡海带

1. 产品配方

水发海带 1kg，红椒丝 200g，蒜末 50g，辣椒粉 4 大匙，白糖 2 大匙，米醋 2 大匙，虾酱 2 大匙，精盐 1 大匙。

2. 工艺流程

原材料处理→腌泡料制备→腌泡→成品

3. 操作要点

（1）原材料处理　将水发海带洗净，切成细丝，再放入沸水锅中焯透，捞出冲凉。

（2）腌泡料制备　将蒜末、精盐、白糖、米醋、虾酱、辣椒粉放入容器中调匀，制成腌泡料。

（3）腌泡　将海带丝、红椒丝一层一层地码入泡菜坛中，层与层之间均匀涂抹腌泡料，再置于阴凉处腌渍 24h，放入冰箱冷藏，随食随取。

（二）泡海带结

1. 产品配方

海带结 300g，姜 1/2 个，洋葱 1/2 个，酱油 5 大匙，红辣椒 3 个，砂糖 3 大匙，橙汁 2 碗。

2. 工艺流程

原材料处理→配料泡制→成品

3. 操作要点

（1）原材料处理　海带结用清水洗净，晾干备用。红辣椒切段，洋葱、姜各切片状备用。

（2）配料泡制　将海带结、红辣椒、洋葱、姜片、酱油、橙汁、砂糖混合放入玻璃容器内。加盖密封浸渍，放于冰箱内，泡制约 10～15 天，即可食用。

（三）海带泡菜

1. 产品配方

干海带 300g，白砂糖 30g，食盐 25g，2％脱腥复配液（绿茶：甘草＝4：2），0.5％氯化钙溶液，高粱白酒、花椒、生姜、大蒜、八角、陈皮、辣椒、桂皮等适量。

2. 工艺流程

干海带复水→除腥→脆化→清洗沥干→配料装坛→水封发酵→成品

3. 操作要点

（1）干海带复水　将干海带浸于 2kg 的水中，于 30～40℃浸泡 1h。

（2）除腥　将复水后的海带浸泡于 2％脱腥复配液中，于 30℃去腥 10min。

（3）脆化　将脱腥海带浸泡于 0.5％氯化钙溶液中，于 30℃脆化 10min。

（4）清洗沥干　将脆化后的海带用适量清水清洗后沥干。

（5）配料装坛　将白砂糖、食盐、高粱白酒、花椒、生姜、大蒜、八角、陈皮、辣椒、桂皮等混匀作为配料，将配料与海带充分混合后放入泡菜坛中。

（6）水封发酵　加盖密封（并在泡菜坛盖边沿加水密封），在 35℃环境温度中静置 10 天左右，即为成品。

4. 产品特点

味道鲜美，风味独特。

5. 注意事项

① 为使加工原料不受季节的影响，泡菜用海带多选择干品，在泡制前需进

行复水处理。

② 海带适宜的发酵温度为 35℃，发酵 10 天左右。

二、其他

（一）酸辣味泡墨鱼仔

1. 产品配方

墨鱼仔 500g，酸辣盐水 1kg，野山椒水 500g，老姜 30g，大葱 20g，味精 15g，白酒 10g，醪糟汁 10g，香料包（内含白菌 20g，花椒 15g，八角 5g，排草 5g，灵草 5g）1 个。

2. 工艺流程

原材料处理→入坛泡制→成品

3. 操作要点

（1）原材料处理　墨鱼仔去内脏、黑膜，洗净，码味，入沸水中焯至六成熟，捞出。

（2）入坛泡制　将墨鱼仔装入坛内，盖上竹笆，压上香料包，倒入酸辣盐水和其他佐料，泡至入味。

4. 产品特点

脆嫩鲜香，酸辣味醇。

5. 注意事项

① 码味时佐料包括适量食盐、料酒、蛋清等，根据口味喜好调节。

② 控制好焯水火候。

（二）麻辣味泡鲜鱿鱼花

1. 产品配方

鲜鱿鱼 500g，酸辣盐水 1kg，野山椒水 500g，鲜青花椒 500g，泡菜盐 35g，料酒 30g，红糖 30g，老姜 30g，大葱 20g，白酒 10g，醪糟汁 10g，香料包（内含白菌 15g，胡椒 10g，八角 5g，桂皮 5g，丁香 3g，山奈 2g）1 个。

2. 工艺流程

原材料处理→泡制→成品

3. 操作要点

（1）原材料处理　将鲜鱿鱼洗净，斜切十字花刀，入沸水中焯至六成熟，捞出待用。

（2）泡制　将鲜青花椒用医用纱布包好。将鲜鱿鱼装入泡菜盆中，盖上竹笆，压上香料包、花椒包，倒入酸辣盐水，放入其他所有佐料，泡至入味。

4. 产品特点

色黄红，质脆嫩鲜香，麻辣爽口。

5. 注意事项

鲜鱿鱼焯水时间不宜过久，否则不脆。若用碱发鱿鱼则须先用凉水长时间浸泡，或在水溶液中加入少量柠檬酸粉末，以除去鱿鱼体内碱味。

（三）海鲜泡菜 I

1. 产品配方

新鲜蚵仔 100g，盐 200g，新鲜虾子 80g，蒜仁 80g，辣椒酱 60g，鱼露 60g，韭菜 60g，细辣椒粉 50g，粗辣椒粉 50g，砂糖 45g，葱 40g，姜 30g，白菜 1 棵，苹果 1/2 颗，热水适量。

2. 工艺流程

原材料处理→混料腌渍→成品

3. 操作要点

（1）原材料处理　新鲜虾子剥壳去除肠泥，剁碎成虾泥，备用；新鲜蚵仔加入材料中 1 茶匙的盐洗净，切小块备用；白菜根部用菜刀划一刀，用手剥开成 2 瓣，再将剥开的 2 瓣白菜根部对半用菜刀划一刀，用手剥开，共将白菜均分成 4 瓣。翻开每一片叶片，将盐均匀地由白菜的根部至叶面上撒。将白菜放入盆中，上方压上其他重物，置于阴凉处腌渍约 2 天，其间须翻转叶片 3 次，帮助白菜内的水分渗出。待约 2 天后，查看白菜是否已软化，可将叶片最厚的部分对折，若折不断即可倒掉盐水，取出叶片；反之，则继续压至折不断即可取出。用清水清洗白菜，去除白菜多余的咸味。挤干白菜的水分，备用。

（2）混料腌渍　细辣椒粉及粗辣椒粉加入适量的热水调匀成糊状，备用；姜去皮洗净切小块；苹果去皮和蒜仁一起用食物调理机打成泥；葱和韭菜切成 2cm 小段，备用。将辣椒糊、姜块、苹果和蒜泥、葱段和韭菜段和辣椒酱、砂糖和鱼露，一同搅拌均匀即成药念；将药念加入虾泥中拌匀，涂抹于每片白菜叶片上。取蚵仔碎，放入每一片白菜叶片内。将完成的白菜成品放入容器中，用力压紧白菜不留空隙，依序完成 4 瓣后，加盖保存置于冰箱冷藏、腌渍即可。

4. 产品特点

味道鲜美。不耐贮藏。

（四）海鲜泡菜Ⅱ

1. 产品配方

生蚵 250g，干贝 6 个，腌咸鱼 1/4 杯，腌咸虾 2 大匙，花枝半只，大白菜 1 棵，白萝卜（切丝）半个，芹菜 3 株，葱 3 棵，红枣 10 颗，松子 1 大匙，黑木耳适量，姜 1 段，辣椒适量，大蒜 10 粒，盐 1 杯，水 5 杯，辣椒粉半杯，砂糖 1 大匙。

2. 工艺流程

原材料处理→腌渍→成品

3. 操作要点

（1）原材料处理　将大白菜对半切开后，将盐 1/2 杯溶于 5 杯水中成为盐水，将大白菜浸泡于盐水中约 12h，再取出沥干后均匀撒上剩余的盐加以腌渍。

（2）腌渍　将腌好的大白菜以水洗净盐分后沥干备用，其他材料洗净后彻底沥干，其中姜拍后切丝，大蒜拍成蒜末，芹菜、葱各自切段备用。先将调味料中的腌咸虾与辣椒粉拌匀，再将调味料其余材料以及姜、蒜、芹菜、葱等材料一起加入拌匀备用。将各类材料分别塞入大白菜叶中，一层一层铺好后再放入容器中，上面压置重石后冷藏使其自然发酵即可。

4. 产品特点

味道鲜美。不耐贮藏。

（五）韩国海味泡菜

1. 产品配方

牡蛎 0.25kg，花枝（或鱿鱼）1 只，芹菜 0.5kg，白萝卜片（或大头菜片）0.1kg，葱（切段）0.15kg，蒜末 0.02kg，姜末 0.02kg，辣椒粉 0.015kg，米酒 0.02kg，糖 0.01kg，盐 0.015kg，腌咸鱼（海蜒）0.03kg。

2. 工艺流程

原料整理→配料拌匀→密封冷藏→成品

3. 操作要点

（1）原料整理　牡蛎用盐水洗净后沥干，花枝（或鱿鱼）洗净后切小片，撒适量盐腌片刻后洗净沥干备用。

（2）配料拌匀　将白萝卜片（或大头菜片）与葱、蒜末、姜末、辣椒粉、米酒、糖、剩余盐、腌咸鱼（海蜒）搅拌均匀后，并加入牡蛎、花枝（或鱿鱼）、芹菜一起拌至均匀。

（3）密封冷藏　将所有材料置于干净无水分的容器中冷藏，待其入味即可食用。

4. 产品特点

味道鲜美，风味独特。

5. 注意事项

本品不易保存，需冷藏，约可保存 3 天。

第八节　畜禽类泡菜加工实例

一、畜类

（一）泡椒猪尾

1. 产品配方

猪尾 500g，野山椒水 1kg，酸辣盐水 500g，料酒 30g，红糖 30g，老姜 30g，大葱 20g，味精 15g，白酒 10g，醪糟汁 10g，鸡精 10g，香料包（内含白菌 15g，胡椒 10g，花椒 10g，八角 5g，桂皮 5g，丁香 3g，山柰 2g）1 个。

2. 工艺流程

原材料处理→配料泡制→成品

3. 操作要点

（1）原材料处理　猪尾刮净细毛，冲洗干净，入沸水中煮至七八成熟，捞入冷水中漂去油脂，沥干水分待用。

（2）配料泡制　将猪尾装入泡菜盆中，盖上竹笆，压上香料包，倒入酸辣盐水和其他佐料，泡至入味。

4. 产品特点

猪尾肉质肥嫩，肥而不腻，酸辣爽口。

5. 注意事项

猪尾不可煮过熟，且煮后油脂需要漂去。

（二）泡椒猪蹄花

1. 产品配方

猪蹄 500g，野山椒水 1kg，酸辣盐水 250g，白糖 30g，大葱 20g，老姜 20g，味精 15g，白酒 10g，醪糟汁 10g，鸡精 10g，香料包（内含白菌 15g，胡椒 10g，花椒 10g，八角 5g，桂皮 5g，丁香 3g，山柰 2g）1 个。

2. 工艺流程

原材料处理→入坛泡制→成品

3. 操作要点

（1）原材料处理　猪蹄内外处理干净，斩成两半，冲白，入沸水中煮至七八成熟，立即入冷水漂去油脂，沥干水分，去骨，切成小块儿待用。

（2）入坛泡制　将蹄花装入坛中，盖上竹笆，压上香料包，倒入酸辣盐水和其他佐料，泡至入味。

4. 产品特点

猪蹄色泽洁白，酸辣味醇。

5. 注意事项

猪蹄一定处理干净，冲白，漂去油脂，去大骨。

（三）麻辣味泡猪肚

1. 产品配方

猪肚 500g，酸辣盐水 1.5kg，野山椒水 750g，红花椒 200g，料酒 30g，红糖 30g，生姜 30g，大葱 20g，味精 15g，鸡精 15g，白酒 10g，醪糟汁 10g，香料包（内含白菌 15g，胡椒 10g，辣椒 10g，八角 5g，桂皮 5g，丁香 3g，山奈 2g）1 个。

2. 工艺流程

原材料处理→入坛泡制→成品

3. 操作要点

（1）原材料处理　将猪肚内壁油脂刮净，入沸水中略烫，捞出用盐、醋搓擦，刮去黏液白衣，洗净，入沸水中焯至七八成熟，冲冷，切成片或条，拭干水分。

（2）入坛泡制　将红花椒用医用纱布包好。将肚片（或条）装入坛中，盖上竹笆，压上香料包、红花椒包，倒入酸辣盐水，放入其他佐料，泡至入味。

4. 产品特点

质嫩鲜香，麻辣爽口。

5. 注意事项

猪肚需反复搓擦，务必洗净，漂去油脂。

（四）麻辣味泡猪耳

1. 产品配方

猪耳 500g，野山椒水 1kg，酸辣盐水 500g，料酒 30g，红糖 30g，大葱 20g，老姜 20g，味精 15g，白酒 10g，鸡精 10g，香料包（内含白菌 15g，胡椒 10g，辣椒 10g，八角 5g，桂皮 5g，丁香 3g，山奈 2g）1 个。

2. 工艺流程

原材料处理→入坛泡制→成品

3. 操作要点

（1）原材料处理　将猪耳去净毛和血水，冲白，入沸水中焯至六七成熟，冲冷，切成小片，漂去油脂，拭干水分待用。

（2）入坛泡制　将猪耳装入坛中，盖上竹笆，压上香料包，倒入酸辣盐水，放入其他佐料，泡至入味。

4. 产品特点

酸辣味醇，口感爽脆，风味独特。

5. 注意事项

猪耳需冲白，漂去油脂，焯至六七成熟即可，不可焯水过度，影响成品品质。

（五）麻辣味泡猪舌

1. 产品配方

猪舌 500g，野山椒水 1kg，酸辣盐水 500g，红花椒 200g，料酒 30g，红糖 30g，大葱 20g，老姜 20g，味精 15g，白酒 10g，醪糟汁 10g，鸡精 10g，香料包（内含白菌 15g，胡椒 10g，辣椒 10g，八角 5g，桂皮 5g，丁香 3g，山奈 2g）1 个。

2. 工艺流程

原材料处理→入坛泡制→成品

3. 操作要点

（1）原材料处理　将猪舌切去舌根，入沸水中焯一下，除去异味，捞出用刀刮去白膜，洗净，再入沸水中煮至六成熟，冲凉，改刀，拭干水分待用。

（2）入坛泡制　将红花椒用医用纱布包好。将猪舌装入坛中，盖上竹笆，压上香料包、红花椒包，倒入酸辣盐水，放入其他佐料，泡至入味。

4. 产品特点

猪舌质感细嫩，麻辣鲜香，爽口不腻。

5. 注意事项

① 掌握焯水火候，过火或欠，白膜不易去除。

② 猪舌质地紧密，需切成薄片加速成熟。

（六）麻辣味泡猪腰花

1. 产品配方

猪腰 500g，野山椒水 1kg，酸辣盐水 250g，红花椒 200g，料酒 30g，红糖 30g，大葱 20g，老姜 20g，味精 15g，鸡精 10g，白酒 10g，醪糟汁 10g，香料包（内含白菌 15g，胡椒 10g，辣椒 10g，八角 5g，桂皮 5g，丁香 3g，山奈 2g）1 个。

2. 工艺流程

原材料处理→入坛泡制→成品

3. 操作要点

（1）原材料处理 将猪腰漂净血水，剖开切去腰臊，切十字花刀后切成腰花，入沸水中焯一下，冲凉，拭干水分待用。

（2）入坛泡制 将红花椒用医用纱布包好。将猪腰花装入坛中，盖上竹笆，压上香料包、红花椒包，倒入酸辣盐水，放入其他佐料，泡至入味。

4. 产品特点

色泽红褐，质地细嫩，麻辣爽口。

5. 注意事项

① 一定要将血水和腰臊去净才不会影响口味。

② 腰花质嫩，不要泡太久。

（七）麻辣味泡牛尾

1. 产品配方

牛尾 500g，酸辣盐水 1kg，野山椒水 500g，鲜青花椒 150g，料酒 100g，红糖 30g，老姜 30g，大葱 20g，味精 15g，白酒 10g，醪糟汁 10g，鸡精 10g，香料包（内含白菌 15g，胡椒 10g，辣椒 10g，八角 5g，桂皮 5g，丁香 3g，山奈 2g）1 个。

2. 工艺流程

原材料处理→配料泡制→成品

3. 操作要点

（1）原材料处理 将牛尾用火均匀地燎煳，放入温水中浸泡，刮去焦屑，冲净血水，入沸水中煮至七成熟，再入冷水中漂净油脂，沥干水分，大尾剖成两半，待用。

（2）配料泡制 将牛尾、鲜青花椒装入泡菜盆中，盖上竹笆，压上香料包，倒入酸辣盐水，放入其他佐料，泡至入味。

4. 产品特点

肉鲜质嫩，香而不腻，麻辣味醇。

5. 注意事项

牛尾冲洗血水，漂去油脂，煮至七成熟即可。

(八) 野山椒味泡牛舌

1. 产品配方

牛舌 500g，野山椒水 1kg，酸辣盐水 250g，红花椒 200g，料酒 30g，红糖 30g，老姜 30g，大葱 20g，味精 15g，白酒 10g，醪糟汁 10g，鸡精 10g，香料包（内含白菌 15g，胡椒 10g，花椒 10g，八角 5g，桂皮 5g，丁香 3g，山奈 2g）1 个。

2. 工艺流程

原材料处理→入坛泡制→成品

3. 操作要点

(1) 原材料处理 将牛舌冲去血水洗净，入沸水中焯一下，撕去舌皮，再入沸水中煮至七成熟，冷水冲凉，切薄片，沥干水分待用。

(2) 入坛泡制 将牛舌装入坛内，盖上竹笆，压上香料包，倒入酸辣盐水，放入其他佐料，泡至入味。

4. 产品特点

质地细嫩，鲜香爽口。

5. 注意事项

煮时可以先用中火，后用小火慢煮，煮至七成熟即捞出。

(九) 野山椒味泡牛黄喉

1. 产品配方

牛黄喉 500g，野山椒水 1kg，酸辣盐水 250g，料酒 30g，红糖 30g，老姜 30g，大葱 20g，味精 15g，白酒 10g，醪糟汁 10g，鸡精 10g，香料包（内含白菌 15g，胡椒 10g，花椒 10g，八角 5g，桂皮 5g，丁香 3g，山奈 2g）1 个。

2. 工艺流程

原材料处理→配料泡制→成品

3. 操作要点

(1) 原材料处理 将牛黄喉冲洗干净，切成花刀，入沸水中煮至六成熟，用清水漂洗干净，沥干水分待用。

（2）配料泡制　将牛黄喉装入泡菜盆中，盖上竹笆，压上香料包，倒入酸辣盐水，放入其他佐料，泡至入味。

4. 产品特点

色泽洁白，脆嫩爽口，酸辣味醇。

5. 注意事项

煮黄喉时间不宜过长，以免绵而不脆，六成熟即可。

（十）野山椒味泡牛肚

1. 产品配方

牛肚 500g，野山椒水 1kg，酸辣盐水 250g，料酒 30g，红糖 30g，老姜 30g，大葱 20g，味精 15g，白酒 10g，醪糟汁 10g，鸡精 5g，香料包（内含白菌 15g，胡椒 10g，花椒 10g，八角 5g，桂皮 5g，丁香 3g，山奈 2g）1 个。

2. 工艺流程

原材料处理→配料泡制→成品

3. 操作要点

（1）原材料处理　将牛肚污物洗干净，刮去肥油，两面擦透，洗净。锅内加水烧沸，放入牛肚烫至收缩发起，捞出刮去白膜，切成大片待用。将牛肚片放入沸水中焯一下，立即冲冷，沥干水分。

（2）配料泡制　将牛肚装入泡菜盆中，盖上竹笆，压上香料包，倒入酸辣盐水，放入其他佐料，泡至入味。

4. 产品特点

牛肚脆嫩爽口，酸辣味香醇。

5. 注意事项

牛肚焯的时间不宜过长，以免绵而不脆，焯五成熟即可。

（十一）泡羊耳

1. 产品配方

羔羊耳朵 300g，老泡菜盐水 500g，甜椒 50g，西芹 50g，料酒 30g，醪糟汁 30g，葱 30g，仔姜 30g，野山椒 30g，盐 25g，姜 20g，味精 5g。

2. 工艺流程

原材料处理→入坛泡制→成品

3. 操作要点

（1）原材料处理　将羔羊耳朵冲洗干净后，斜片成薄片，放入加有姜、葱、料酒的沸水中煮断生，捞出用冷水漂凉；甜椒、西芹、仔姜均切菱形块。

（2）入坛泡制　将野山椒、老泡菜盐水、盐、味精、醪糟汁放入泡菜坛中调匀，再将耳片、甜椒块、西芹块、仔姜块放入泡菜坛中，加盖泡至入味。

4. 产品特点

香脆爽口，咸鲜酸辣，佐酒佳品。

5. 注意事项

① 羊耳较薄，因此片不宜太小。

② 注意泡制时间的长短，入味即可。

二、禽类

（一）泡椒凤爪 I

1. 产品配方

鸡爪 1kg，野山椒 200g，洋葱 50g，生姜 45g，料酒 30g，葱段 20g，干辣椒 20g，白醋 20g，食盐、鸡精各适量（根据口味调制）。

2. 工艺流程

原料选择→清洗处理→预煮处理→去骨处理→浸渍处理→成品

3. 操作要点

（1）原料选择　选择体积较大、色泽发白、没有污染、没有异味的新鲜鸡爪。如果选择的是冷冻鸡爪，其冷冻时间不要超过 6 个月，并且其各项指标要符合我国冷冻禽肉的相关标准和具体要求。野山椒需要满足优质的基本要求，可选择浅黄色的青椒罐头。生姜要选择干燥且完整的姜块，味道也比较浓厚。

（2）清洗处理　对鸡爪脚掌靠上位置去除骨头，清理干净杂质和污染物。需要确保鸡爪清洗彻底，并对其逐一检查，去除脚趾部分的表皮以及鸡毛等。在浸泡冲洗时，应加入 2% 的食盐。对冷冻鸡爪进行解冻处理。需要规定解冻时长以及具体的温度，具体解冻时长需要根据当时的温度以及气候条件而定，室温大约控制在 18℃。在解冻完毕后，需要再次针对鸡爪进行彻底清洗，确保所有的杂质和污染物都被彻底清除。

（3）预煮处理　将净水倒入锅中，并加适量的生姜、葱段，开火，继而鸡爪入锅，进行预煮。确保预煮时的温度为 98℃，时间设置为 20～25s，并在整个预煮的过程当中不停搅拌，切实保证预煮工作过程中鸡爪受热始终是均匀的，使煮出来的鸡爪表皮更加完整和干净，没有其他杂色。

（4）去骨处理　将鸡爪取出，清洗完毕后晾干、沥出水分，然后对其进行去骨处理。只有脚趾部位的小骨头不需要去除，其余所有的部位都需要清理干净，不允许存在残留的情况。

（5）浸渍处理　配制盐水（比例约为 5kg 水加 1.25kg 盐），并加入其他配料，如野山椒、白醋、料酒、干辣椒、洋葱等。将去骨鸡爪置于盐水液当中进行浸渍处理（浸渍时间设置为 24h）。浸渍过程中，室内的温度始终控制在 20～25℃，以利于乳酸菌的繁殖。

4. 产品特点

味道鲜美、独特，深受年轻群体喜爱。

5. 注意事项

在完成预煮处理之后需要再次针对鸡爪进行清洗，这次清洗需要彻底，尤其需要清除干净鸡爪上的油污。一旦没有处理干净油污，就会影响后续的盐水质量，最终直接影响鸡爪的口味。

（二）泡椒凤爪Ⅱ

1. 产品配方

鸡爪 500g，泡野山椒 100g，白醋 50g，白糖 20g，白酒、料酒、食盐各10g，味精 5g，生姜 3 片，矿泉水 500g，清水适量。

2. 工艺流程

原材料处理→配料腌渍→成品

3. 操作要点

（1）原材料处理　将鸡爪上残留黄皮去净，剪掉指甲，切成两半。坐锅点火，添入适量清水烧沸，下入姜片、料酒和鸡爪煮至七成熟，捞出用冷水冲凉，控干水分。

（2）配料腌渍　矿泉水倒入干净容器中，加入泡野山椒、食盐、白糖、白醋、白酒和味精调匀成山椒味汁。取保鲜盒，倒入山椒味汁，放在冰箱里镇凉成冰水，再放入预处理过的鸡爪，泡至入味，即可食用。

4. 产品特点

酸辣可口，风味突出。

5. 注意事项

鸡爪焯水程度要适宜，过度焯水则不脆，且焯水后要漂去表面油脂，否则影响成品品质。

（三）泡椒凤爪Ⅲ

1. 产品配方

净凤爪 500g，小米椒 150g，食盐 25g，生姜 20g，料酒 10g，花椒 10g，白糖 10g，味精 5g，香叶 3g，矿泉水、清水适量。

2. 工艺流程

原材料处理→入坛腌渍→成品

3. 操作要点

（1）原材料处理　坐锅点火，倒入清水和料酒，下入净凤爪煮熟，捞起用冰水激凉，控水待用。将小米椒洗净。生姜去皮，洗净，切片。

（2）入坛腌渍　将矿泉水倒入泡菜坛内，加食盐、花椒、白糖、味精和香叶，搅匀泡 1h，再放入凤爪、小米椒和姜片，搅匀，加盖封口泡约 7 天，即可捞出食用。

4. 产品特点

味道鲜美，风味独特。

5. 注意事项

鸡爪焯水程度要适宜，过度焯水则不脆，且焯水后要漂去表面油脂，否则影响成品品质。

（四）泡椒凤爪Ⅳ

1. 产品配方

鸡爪 1kg，泡野山椒 200g，胡萝卜、莴笋、芹菜各 50g，红花椒 25g，料酒 15g，食盐 10g，鸡精 3g，生姜 3 片，清水、纯净水适量。

2. 工艺流程

原材料处理→配料腌渍→成品

3. 操作要点

（1）原材料处理　将鸡爪洗净，控干水分，剪去爪尖，用刀切成 3 块。坐锅点火，添适量清水烧开，放入红花椒、姜片、5g 食盐、料酒和鸡爪，以小火煮至断生，捞出用纯净水冲凉，控干水分。将胡萝卜、莴笋和芹菜分别洗净，切成 4cm 长的条，用开水略烫，速用纯净水冲凉，控干水分。

（2）配料腌渍　将预处理过的鸡爪和胡萝卜条、莴笋条、芹菜段放在小盆内，倒入泡野山椒和适量纯净水，加入剩余 5g 食盐和鸡精搅匀。将泡菜盆覆上保鲜膜，置于阴凉处。泡至其入味，即可食用。

4. 产品特点

麻辣鲜香，风味诱人。

5. 注意事项

鸡爪焯水程度要适宜，过度焯水则不脆，且焯水后要漂去表面油脂，否则影响成品品质。

（五）泡椒凤爪Ⅴ

1. 产品配方

鸡爪 500g，老泡菜坛盐水 300g，泡红辣椒 75g，泡姜 60g，西芹 50g，大葱 30g，老姜 25g，泡白酒 5g，野山椒 1 小瓶，花椒 3g，盐、凉开水各适量。

2. 工艺流程

原材料处理→入坛腌渍→成品

3. 操作要点

（1）原材料处理　鸡爪剁去足趾，放入沸水中略烫一下捞出，去尽老皮，放入清水中冲漂至色净皮白为止。将大葱、老姜均洗净拍破。锅中放入清水，下入鸡爪用中火烧开撇去浮沫，投入少量老姜、大葱及泡白酒，鸡爪煮至六成熟，捞入凉水中漂凉。另将泡红辣椒去蒂，泡姜撕开成条状，西芹削去筋洗净切长节，备用。

（2）入坛腌渍　将适量凉开水与老泡菜坛盐水、盐、花椒、剩余白酒放入泡菜盆内调匀。再将预处理的鸡爪从凉水中捞出沥去水分，与泡红辣椒、野山椒、泡姜、剩余老姜、西芹一道放入盆中和匀。最后，将泡菜盆覆上保鲜膜，置于阴凉处，浸泡 8～10h，待各料均匀上味后，即可食用。

4. 产品特点

味足适口，佐餐小菜。

5. 注意事项

① 鸡爪煮至六成熟，以用指甲能轻易掐破鸡足上的皮肉为判断标准。

② 混料拌匀和泡制时，确保泡菜盆内的水以刚淹没各种原料为宜。

③ 夏天最好放入冷柜中保鲜。

（六）泡椒凤爪Ⅵ

1. 产品配方

凤爪 1kg，青辣椒 200g，红辣椒 200g，大蒜 100g，白糖 90g，姜丝 25g，虾酱 4 小匙，白醋 2 大匙，辣椒粉 1 大匙，味精 1 小匙。

2. 工艺流程

原材料处理→入坛腌渍→成品

3. 操作要点

(1) 原材料处理　将凤爪刮洗干净,放入沸水锅内煮至熟嫩,捞出在凉水盆内浸泡12h。将青辣椒、红辣椒去蒂,去籽,洗净,切成4cm长的菱形块。将大蒜去皮,捣成蒜泥,加上白糖、虾酱、白醋、味精、辣椒粉拌成泡腌料。

(2) 入坛腌渍　将预处理过的凤爪与青辣椒块、红辣椒块、姜丝拌和在一起,一层一层地装入泡菜坛内,层与层之间均匀涂抹泡腌料。将泡菜坛置于阴凉处泡腌12h,再移入冷藏箱内,随食随取。

(七) 泡椒鸡胗 I

1. 产品配方

鸡胗500g,山椒100g,大葱30g,食盐30g,料酒15g,八角3个,纯净水500g,清水、香油适量。

2. 工艺流程

原材料处理→入坛腌渍→成品

3. 操作要点

(1) 原材料处理　将鸡胗、山椒分别洗净;大葱洗净,斜刀切厚片,坐锅点火,倒入清水烧开,加料酒,下入鸡胗煮熟,捞起凉透,切片待用。

(2) 入坛腌渍　将纯净水倒入泡菜坛内,加入食盐和八角搅匀,再放入鸡胗片、山椒和大葱。盖好坛盖,加足坛沿水,泡约5天至入味,食用时,捞起与香油拌匀,装盘上桌。

4. 产品特点

风味独特,开胃解腻。

5. 注意事项

鸡爪焯水后要用水清洗干净。为加快成熟速度,鸡胗切薄片后再泡制。

(八) 泡椒鸡胗 II

1. 产品配方

鸡胗500g,小米红椒100g,食盐30g,生姜25g,辣椒粉20g,料酒15g,麻椒10g,八角2个,纯净水500g,清水适量。

2. 工艺流程

原材料处理→入坛腌渍→成品

3. 操作要点

（1）原材料处理　鸡胗去净表层筋膜，在其剖面切上交叉十字花刀，再改刀成小块。小米红椒用剪刀剪去蒂部，洗净，控干水分，备用。将生姜切片。坐锅点火，倒入清水烧开，加料酒，下入鸡胗煮熟，捞起凉透，待用。

（2）入坛腌渍　将纯净水倒入泡菜坛内，放入小米红椒、食盐、辣椒粉、姜片、八角和麻椒搅匀，泡 1h，再放入鸡胗块，加盖密封泡约 5 天，即可捞出装盘食用。

4. 产品特点

辣味十足，别具一格。

5. 注意事项

鸡爪焯水后要用水清洗干净。为加快成熟速度，鸡胗切小块儿后再泡制。

（九）泡椒鸡胗Ⅲ

1. 产品配方

鲜鸡胗 1kg，泡野山椒 200g，食盐 20g，料酒 15g，味精 10g，白醋适量，生姜 4 片，清水 1kg。

2. 工艺流程

原材料处理→配料腌渍→成品

3. 操作要点

（1）原材料处理　鲜鸡胗洗净黄皮，同冷水入锅上火煮 3min，捞出控去水分。

（2）配料腌渍　锅再次上火，添入适量清水，放入鸡胗、料酒和姜片，以小火煮至刚熟，捞出沥汁。锅重置火位，倒入清水和泡野山椒，煮出酸辣味，加食盐、味精和白醋调味，熄火晾冷成酸椒汁。把鸡胗放在保鲜盒内，倒入酸椒汁，盖严盖子，入冰箱冷藏室冷藏。

4. 产品特点

风味醇香，酸辣适宜。

5. 注意事项

鸡爪焯水后要用水清洗干净。

（十）泡香糟翅尖

1. 产品配方

鸡翅尖 500g，葱段、姜片、料酒各 10g，花椒 5g，八角 3 颗，香叶 2 片，草果1个，食盐、味精、酒糟汁、清水各适量。

2. 工艺流程

原材料处理→配料腌渍→成品

3. 操作要点

(1) 原材料处理　将鸡翅尖洗净，放入沸水锅中煮约1min捞出。锅内换适量清水，再放上鸡翅尖、5g葱段、5g姜片、料酒和食盐，沸后用小火煮至刚熟，捞出晾凉。

(2) 配料腌渍　净锅置火上，注入1000g清水烧开，加入花椒、八角、香叶、草果、食盐、剩余的葱段和姜片，沸后改小火煮出味，离火，过滤去渣，晾凉成香料水。把香料水倒入保鲜盒内，加味精和酒糟汁搅匀，放入煮好的鸡翅尖，加盖封严，进冰箱冷藏柜中冷藏。

4. 产品特点

麻辣香醇，美味诱人。

5. 注意事项

鸡爪焯水后要用水清洗干净。为加快成熟速度，鸡胗切薄片后再泡制。

(十一) 泡盐水鸡翅

1. 产品配方

鸡翅500g，料酒20g，葱结10g，姜片5g，八角1颗，花椒数粒，食盐、白糖、香油、清水各适量。

2. 工艺流程

原材料处理→配料腌渍→成品

3. 操作要点

(1) 原材料处理　将鸡翅去净残毛，洗净后剁去翅尖。鸡翅入沸水锅余一下，捞入冷水中漂凉。

(2) 配料腌渍　鸡翅与葱结、料酒同入沸水锅中，用小火煮8min至刚熟，捞出晾冷，坐锅点火，放入姜片、花椒、八角、食盐、白糖及适量清水，以小火煮10min，离火晾冷，把盐水倒入保鲜盒内，放入鸡翅，加盖置冰箱中冷藏至入味。食用时，捞出与香油拌匀，装盘上桌。

4. 产品特点

咸香可口，风味独特。

（十二）泡椒鸡脆骨

1. 产品配方

鸡脆骨 500g，泡野山椒 50g，干辣椒 20g，葱段 10g，生姜 5 片，花椒 5g，食盐、清水各适量。

2. 工艺流程

原材料处理→配料腌渍→成品

3. 操作要点

（1）原材料处理　鸡脆骨去净残毛，放在水锅中煮 5min 至刚熟，捞出过凉，控去水分。坐锅点火，放入 500g 清水、干辣椒、花椒、葱段、姜片和食盐，以小火煮出香味。

（2）配料腌渍　倒入保鲜盒内晾冷，加入泡野山椒，搅匀即成三椒盐水，放入鸡脆骨，再次搅匀，加盖泡至入味。

4. 产品特点

脆香可口，麻辣鲜香。

（十三）泡山椒鸡

1. 产品配方

净肥鸡 1 只，泡野山椒 100g，鲜草莓 150g，橙汁 50g，葱段、姜片各 25g，料酒 15g，食盐、味精、白糖、清水各适量。

2. 工艺流程

原材料处理→配料腌渍→成品

3. 操作要点

（1）原材料处理　净肥鸡焯水后，放入已烧沸的清水锅中，加入葱段、姜片和料酒，转小火浸煮至鸡刚熟时离火，原汤浸泡 15min，把肥鸡捞出切成两半，用刀稍拍几下；鲜草莓洗净，切两半。

（2）配料腌渍　将泡野山椒连汁倒入保鲜盒内，放入草莓、食盐、味精、白糖、橙汁及适量煮鸡原汤，搅匀。放入肥鸡，盖好盖子，泡至入味。食用时将肥鸡沥干去汁水，改刀成块，依原形摆入盘中，点缀草莓和野山椒，淋少量原汁即成。

4. 产品特点

味道鲜美，风味突出。

（十四） 泡仔鸡

1. 产品配方

仔公鸡 1 只（约 1kg），野山椒 250g，熟毛豆粒 150g，子姜片 50g，红辣椒节 30g，大葱节 25g，白糖 15g，白醋 15g，蒜 10g，花椒 2g，矿泉水 1kg，精盐适量。

2. 工艺流程

原材料处理→配料腌渍→成品

3. 操作要点

（1）原材料处理　仔公鸡宰杀洗净，放入沸水锅中煮至断生，捞入凉水中冲漂净血沫，再用冷开水漂凉，捞出去骨斩成块。

（2）配料腌渍　将鸡块放入泡菜盆中，同时放入精盐、花椒、白糖、白醋、熟毛豆粒、子姜片、红辣椒节、野山椒、大葱节、蒜和矿泉水拌匀，泡制约 24h，即可食用。

4. 产品特点

色泽淡雅，鸡肉细嫩，泡菜味浓，开胃生津。

5. 注意事项

① 为加速泡制过程，可将鸡肉切成片。

② 食用时，将泡好的鸡块取出，整齐摆盘，将毛豆、子姜片和红辣椒放入，浇上部分泡鸡汁即可。

③ 制作味汁时，应突出酸辣味，亦可加入小米辣椒增大辣味，同时盐要多放一些。

（十五） 酒糟泡仔鸡

1. 产品配方

净仔鸡 1 只，黄酒 100g，酒糟 50g，花椒酒 50g，食盐 10g，葱段 10g，姜片 10g，味精、白糖各 5g，五香料 1 小包，清水 1kg。

2. 工艺流程

原材料处理→入坛腌渍→成品

3. 操作要点

（1）原材料处理　坐锅点火，添入 1000g 清水烧沸，放入葱段、姜片、香料包、食盐和白糖，煮出香味，过滤去渣，晾凉成香料水。酒糟和黄酒放在小盆内，用手捏碎酒糟，加入香料水泡约 10min，过滤即得酒糟汁。仔鸡放在沸水锅烫透后，捞出来揩干水分，再放到水锅中煮至断生，熄火浸泡约 15min，捞出晾凉后，改刀成块。

（2）入坛腌渍　取消毒后的泡菜坛，装入仔鸡块，倒入酒糟汁，加入味精和花椒酒。加盖封口，置阴凉处泡至入味。

4. 产品特点

口舌生香，回味无穷。

（十六）泡麻辣鸭头

1. 产品配方

鸭头 500g，老泡菜水 250g，干辣椒 50g，食盐 15g，麻椒 10g，开水 250g。

2. 工艺流程

原材料处理→入坛腌渍→成品

3. 操作要点

（1）原材料处理　将鸭头洗净，煮熟凉透，用刀一切为二。干辣椒洗净，待用。

（2）入坛腌渍　净锅上火，倒入开水和老泡菜水，调入食盐、麻椒和干辣椒煮 5min，熄火。把麻辣味汁倒入小泡菜坛内凉透，放入熟鸭头。盖好盖子，加足坛沿水，泡至入味。

4. 产品特点

麻辣适中，口味诱人。

（十七）泡椒鸭脖

1. 产品配方

净鸭脖 600g，食盐 35g，干辣椒 20g，红糖 15g，青花椒 10g，白酒 10g，纯净水 500g。

2. 工艺流程

原材料处理→入坛腌渍→成品

3. 操作要点

（1）原材料处理　净鸭脖洗净，放入开水锅中，以小火煮熟，捞出晾冷。干辣椒用干洁毛巾揩净表面灰分，去蒂待用。

（2）入坛腌渍　取一消过毒的小泡菜坛，倒入纯净水，加入干辣椒、红糖、青花椒、食盐和白酒，用筷子搅匀。盖好盖子，添足坛沿水，泡约 24h，再放入鸭脖，久泡至入味。

4. 产品特点

色味俱佳，麻辣爽口。

（十八）川式泡鸭脖

1. 产品配方

鸭脖600g，蒜瓣25g，食盐20g，泡朝天椒20g，白酒15g，干尖辣椒10g，花椒、胡椒粉、白糖各5g，生姜3片，纯净水500g，辣椒油、清水适量。

2. 工艺流程

原材料处理→入坛腌渍→成品

3. 操作要点

（1）原材料处理　将鸭脖洗净；蒜瓣洗净，同泡朝天椒分别切成碎末。锅中放适量清水，加姜片和5g白酒，煮沸后放入鸭脖，用小火煮熟，捞起晾干水分。取干净容器，放入食盐、白糖、蒜末、花椒、干尖辣椒、泡朝天椒末、胡椒粉和10g白酒，倒入纯净水搅匀，静置2h，备用。

（2）入坛腌渍　将鸭脖切成小段，装入泡菜坛内，注入调好的泡菜汁，拌匀。密封坛口，置于冰箱中冷藏，泡至入味。食用时，捞出与辣椒油拌匀，装盘上桌。

4. 产品特点

鸭脖味香，辣味十足。

（十九）泡椒鸭翅Ⅰ

1. 产品配方

净鸭翅600g，香料盐水500g，红剁椒100g，料酒10g，生姜3片，葱2段，清水适量。

2. 工艺流程

原材料处理→入坛腌渍→成品

3. 操作要点

（1）原材料处理　净鸭翅洗净，同清水入锅上火，煮沸2min，捞出控水。

（2）入坛腌渍　坐锅点火，放入适量清水，加料酒、姜片和葱段，放入鸭翅煮熟，捞出晾冷。将香料盐水倒入泡菜坛内，加入红剁椒搅匀。放入鸭翅，加盖密封泡制至入味。

4. 产品特点

鸭翅质嫩，酸辣美味。

（二十）泡椒鸭翅Ⅱ

1. 产品配方

净鸭翅 500g，胡萝卜、西芹各 100g，白醋 75g，野山椒 50g，食盐 30g，鲜花椒 25g，白糖、料酒、姜片、葱段各 10g，矿泉水 600g，清水适量。

2. 工艺流程

原材料处理→配料腌渍→成品

3. 操作要点

（1）原材料处理　净鸭翅洗净，同清水入锅上火，煮沸 2min，捞出控水。

（2）配料腌渍　坐锅点火，倒入适量清水，加料酒、姜片和葱段，放入鸭翅煮熟，捞出晾冷。胡萝卜、西芹洗净，分别切成 5cm 长的小条，备用。将鲜花椒、野山椒、食盐、白糖和白醋放入保鲜盒内，倒入矿泉水搅匀。放入鸭翅、胡萝卜条和西芹条。加盖密封泡至入味。

4. 产品特点

鸭翅质嫩，酸辣美味。

（二十一）泡盐水鸭舌

1. 产品配方

净鸭舌 500g，食盐 15g，料酒 15g，生姜 4 片，八角 2g，花椒 2g，桂皮 1g，清水 500g。

2. 工艺流程

原材料处理→配料腌渍→成品

3. 操作要点

（1）原材料处理　净鸭舌同冷水入锅上火煮 3min，捞出控去水分。

（2）配料腌渍　锅再次上火，添入适量清水，放入鸭舌、料酒和姜片，以小火煮至刚熟，捞出沥汁。坐锅点火，添入清水，加入食盐、八角、花椒和桂皮，以小火煮约 10min，熄火晾冷。取一消毒的保鲜盒，放入煮好的鸭舌，倒入盐水。盖好盖子，入冰箱冷藏，泡至入味。

4. 产品特点

鸭舌风味独特，口感咸香。

5. 注意事项

鸭舌焯水后，刮去舌苔等，一定要清洗干净。

(二十二) 泡山椒鸭舌

1. 产品配方

净鸭舌 500g，野山椒 250g，白米醋 50g，食盐 25g，料酒 10g，花椒 5g，白糖 5g，生姜 3 片，纯净水 500g，清水、冰水适量。

2. 工艺流程

原材料处理→配料腌渍→成品

3. 操作要点

(1) 原材料处理　净鸭舌同冷水入锅上火煮 3min，捞出控去水分。

(2) 配料腌渍　锅再次上火，添入适量清水，放入鸭舌、料酒和姜片，大火煮约 15min。将煮熟的鸭舌捞在冰水中泡一会儿，捞出沥干水分。将纯净水、野山椒、白米醋、白糖、食盐和花椒一起放入保鲜盒内，搅匀。放入鸭舌，蒙上保鲜膜，放入冰箱冷藏至入味。

4. 产品特点

鸭舌风味独特，口感酸辣。

5. 注意事项

鸭舌焯水后，刮去舌苔等，一定要清洗干净。

(二十三) 泡藤椒鸭掌

1. 产品配方

水发鸭掌 1kg，泡野山椒 200g，芥菜梗 100g，洋葱块 50g，小米椒 25g，食盐 10g，纯净水 1kg，藤椒油适量，冰水、原汁适量。

2. 工艺流程

原材料处理→配料腌渍→成品

3. 操作要点

(1) 原材料处理　水发鸭掌放在开水锅中汆一下，捞在冰水中过凉，控去水分，芥菜梗洗净，斜刀切段，也放在开水中汆至断生，捞出过凉，控去水分。

(2) 配料腌渍　纯净水倒入保鲜盒内，加入洋葱块、泡野山椒、小米椒和食盐，搅匀成酸辣汁，把鸭掌和芥菜梗放在酸辣汁中泡至入味。食用时捞出装盘，淋上少量原汁和藤椒油即可。

4. 产品特点

鸭掌别有风味，藤椒味浓。

5. 注意事项

鸭掌肉薄质嫩，焯六成熟即可，冲洗干净，冷水中冲白。

（二十四）泡蒜味鸭掌

1. 产品配方

鸭掌 500g，蒜瓣 50g，食盐 30g，酱油 5g，生姜 5 片，葱 2 段，五香料 1 小包，清水 750g。

2. 工艺流程

原材料处理→配料腌渍→成品

3. 操作要点

（1）原材料处理　鸭掌洗净，控干水分；蒜瓣用刀拍松。坐锅点火，添入适量清水烧开，放入鸭掌、葱段和 3 片生姜，大火烧开后，转小火煮 30min 至断生，捞在冷水中浸冷，去骨待用。

（2）配料腌渍　锅重置火位，倒入清水烧开，放入五香料包、食盐和 2 片生姜，待煮出香味，关火后，放入酱油和蒜瓣，搅匀晾冷待用，把鸭掌放在小盆内，倒入调好的大蒜味汁。用保鲜膜封好口，置冰箱内冷藏，泡制入味。

4. 产品特点

鸭掌风味独特，蒜味浓郁。

5. 注意事项

鸭掌肉薄质嫩，焯六成熟即可，冲洗干净，冷水中冲白。

（二十五）泡鸭肠

1. 产品配方

鸭肠 500g，小米辣 100g，食盐 25g，味精 5g，花椒 5g，纯净水 500g，清水适量。

2. 工艺流程

原材料处理→入坛腌渍→成品

3. 操作要点

（1）原材料处理　鸭肠和小米辣分别洗净，备用。净锅上火，添适量清水烧开，下入鸭肠焯水，捞起凉透，切成段待用。

（2）入坛腌渍　将纯净水倒入泡菜坛内，放入食盐、味精和花椒搅匀。放入鸭肠段和小米辣。加盖封口，泡 3 天至入味，即可食用。

4. 产品特点

麻辣脆香，口感细腻。

5. 注意事项

鸭肠不可焯水太久，否则易老。

（二十六）泡鸭肝

1. 产品配方

鲜鸭肝 1000g，泡荤料盐水 750g，料酒 50g，食盐 5g，葱 2 段、生姜 3 片，清水、凉水、原汁适量。

2. 工艺流程

原材料处理→配料腌渍→成品

3. 操作要点

（1）原材料处理　鲜鸭肝放在小盆中，加入食盐和料酒，用手轻轻抓捏一会除去水分。再用清水漂洗两三遍，控干水分。

（2）配料腌渍　锅重置火上，添入适量清水，放入葱段、姜片和鸭肝，以小火煮至八九成熟，捞出过凉水，控干水分。把鸭肝放在泡荤料盐水中泡至入味。食用时捞出，改刀装盘，淋少许原汁即可。

4. 产品特点

味道鲜美，风味突出。

（二十七）泡盐水鸭胗

1. 产品配方

净鸭胗 500g，食盐 80g，料酒 50g，干辣椒、白糖各 10g，味精、花椒各 5g，桂皮 3g，香叶 5 片，八角 2 颗，生姜 5 片，葱 3 段，开水 1000g，清水、纯净水适量。

2. 工艺流程

原材料处理→配料腌渍→成品

3. 操作要点

（1）原材料处理　鸭胗去净残留黄皮，清洗干净，控干水分。

（2）配料腌渍　坐锅点火，添入适量清水，放入鸭胗，大火烧开，撇净浮沫，转小火煮 30min 至熟，捞出用纯净水漂去表面污沫，待用。将花椒、八角、香叶、桂皮、干辣椒、姜片和葱段一起放入小盆内，加入食盐、料酒、白糖和味精，然后倒入开水，搅匀晾冷成盐水汁。把鸭胗放在盐水汁中泡至入味。食用时捞出，切成薄片即可。

4. 产品特点

咸香可口，风味突出。

（二十八）泡鸭胗

1. 产品配方

净鸭胗 500g，老泡菜盐水 300g，小米辣 100g，食盐 10g，八角 5g，生姜 3 片，纯净水 200g，清水适量。

2. 工艺流程

原材料处理→入坛腌渍→成品

3. 操作要点

（1）原材料处理 鸭胗去净残留黄皮，清洗干净，控干水分，切片。小米辣洗净。

（2）入坛腌渍 坐锅点火，倒入适量清水烧开，下入鸭胗煮熟，捞起凉透，切成薄片。将老泡菜盐水和纯净水倒入泡菜坛内，加入八角、姜片和食盐搅匀。再放入鸭胗片和小米辣，盖好坛口，泡至入味，即可捞出装盘食用。

4. 产品特点

口感脆辣，风味诱人。

（二十九）湘味泡鸭腰

1. 产品配方

净鸭腰 500g，红剁椒 150g，料酒 10g，生姜 3 片，葱 2 段，香料盐水、清水适量。

2. 工艺流程

原材料处理→入坛腌渍→成品

3. 操作要点

（1）原材料处理 鸭腰清洗干净，控干水分，备用。

（2）入坛腌渍 坐锅点火，倒入适量清水烧开，放入葱段、姜片和料酒，下入鸭腰煮熟，捞起凉透，切成片，待用。将香料盐水倒入泡菜坛内，加入红剁椒搅匀。放入熟鸭腰片，再次搅匀。盖好坛口，静置于阴凉处，泡至入味，即可捞起装盘食用。

4. 产品特点

辣香十足，味美可口。

第九节 什锦类泡菜加工实例

一、素泡什锦

（一）泡什锦菜Ⅰ

1. 产品配方

大白菜、圆白菜、茭白、蒜薹、苦瓜、扁豆、葱头、萝卜、芥菜、青笋、黄瓜、嫩姜芽和鲜红辣椒各 250g，精盐 200g，花椒和老姜各 150g，干辣椒和红糖各 100g，白酒 50g。

2. 工艺流程

原料处理→配料泡制→成品

3. 操作要点

（1）原料处理　将要泡制的大白菜、圆白菜、茭白、蒜薹、苦瓜、扁豆、葱头、萝卜、芥菜、青笋、黄瓜、嫩姜芽和鲜红辣椒分别择洗干净，并根据需求切成适宜大小，晾干后放入干净的泡菜坛中。

（2）配料泡制　把 2.5kg 的凉开水注入坛内，并加入精盐、干辣椒、花椒、老姜、红糖和白酒调匀。盖好坛盖，添足坛沿水，泡制 7～10 天，即可食用。

4. 产品特点

鲜香微酸，脆嫩爽口，朝鲜风味。

5. 注意事项

要经常进行检查，不使泡菜坛沿内缺水。

（二）泡什锦菜Ⅱ

1. 产品配方

白菜 2kg，胡萝卜 500g，芹菜 500g，竹笋 500g，红辣椒 80g，八角 50g，白糖 40g，白酒 30g，花椒 10g，水 3kg，盐、味精适量。

2. 工艺流程

原料整理→泡菜水制备→入坛泡制→成品

3. 操作要点

（1）原料整理　选好白菜，去根，去烂黄叶及老帮，洗净，晒干表面水分，横切成 4cm 的长段。芹菜去根，去叶，洗净，晒干表面水分，横切成 4cm 的长段。竹笋洗净，去硬根，擦干后，切成薄三角片。胡萝卜去顶，去细跟，洗净擦干，横切成圆片。

（2）泡菜水制备　将3kg左右的水加适量的盐烧沸后晾凉。

（3）入坛泡制　将花椒、八角、红辣椒、白糖、白酒加入凉盐开水中，搅匀，再加适量味精，然后倒入泡菜坛中。将加工好的所有蔬菜投入泡菜坛中进行浸泡。坛口用水密封，放于较温暖处保存，5～6天后，即可食用。

4. 产品特点

成品鲜香，脆嫩而微酸。

5. 注意事项

① 菜要晾干，盛器要擦干，以保证泡菜不受外界条件影响。

② 泡菜所用水需为凉开水。

（三）泡什锦菜Ⅲ

1. 产品配方

白菜2kg，白萝卜200g，大葱、大蒜、苹果、梨各100g，食盐60g，辣椒粉50g，味精5g。

2. 工艺流程

原料整理→腌制→拌料码坛→泡制→成品

3. 操作要点

（1）原料整理　白菜去根和老帮，洗净，沥干水分，把整棵白菜剖成4瓣，切成小块。白萝卜洗净去皮，切成小片。苹果和梨洗净，沥干水，去籽，切成片。葱、蒜洗净沥干后剁成碎末待用。

（2）腌制　将白菜块和白萝卜片分别装入不同盛器中，并分别用30g食盐和10g食盐腌4h。

（3）拌料码坛　把初步腌制的白菜、白萝卜沥干水分，再和苹果、梨、葱、蒜、辣椒粉拌匀装坛。

（4）泡制　用500g凉开水溶化剩余食盐和味精，搅匀后注入坛内，淹没菜料。盖上坛盖，泡制约10天后，即可食用。

4. 产品特点

鲜香可口，脆嫩酸辣，为朝鲜风味泡菜。

5. 注意事项

（1）腌制时间要控制得当。

（2）一切用具和操作过程中都要注意清洁卫生。

（四）什锦泡菜

1. 产品配方

白萝卜 200g，卷心菜 150g，胡萝卜 150g，辣椒粉 30g，姜丝 15g，蒜末 15g，精盐 2 大匙，味精少许。

2. 工艺流程

原料处理→入坛腌渍→成品

3. 操作要点

（1）原料处理　胡萝卜去皮，洗净，切成细丝。白萝卜、卷心菜分别洗净，均切成细丝，一起放入盆中，加入姜丝、精盐拌匀，腌 24h。将胡萝卜丝、白萝卜丝、卷心菜丝、姜丝取出，用清水浸泡 6h，去掉部分盐分。

（2）入坛腌渍　将预处理的原料装入纱布袋中，挤去水分，放入泡菜坛中，加入辣椒粉、蒜末、味精拌匀，腌 2 天，即可食用。

（五）五鲜泡菜

1. 产品配方

净卷心菜块 800g，胡萝卜片 300g，花椰菜 300g，鲜红辣椒块 150g，姜片 30g，八角 2 粒，丁香 5g，桂皮 5g，花椒 5g，精盐、白酒、白醋各 3 大匙，白糖 2 大匙，味精适量。

2. 工艺流程

原料整理→泡菜水制备→入坛泡制→成品

3. 操作要点

（1）原料整理　将花椰菜掰成小块后，与净卷心菜块、胡萝卜片、鲜红辣椒块一起放入容器内，撒上精盐拌匀，腌渍 12h。

（2）泡菜水制备　将花椒、八角、桂皮、丁香、姜片放入 800g 清水中煮 30min，再加入白酒、白醋、味精、白糖调匀，晾凉。

（3）入坛泡制　将预处理过的原料与泡菜水都装入泡菜坛内，盖严盖，泡制 6～7 天，即可食用。

（六）泡八样

1. 产品配方

白萝卜、胡萝卜、豆角、生姜、大蒜、葱头、洋姜、青辣椒各 1kg，食盐 500g，花椒 40g，茴香 40g，料酒 40g。

2. 工艺流程

泡菜水制备→原料整理→泡制→成品

3. 操作要点

（1）泡菜水制备　将 6kg 清水煮沸，把食盐溶化在水内，冷却后注入坛内，一般以装到坛子的 1/5 为宜。

（2）原料整理　将各种菜洗净晾干（豆角要焯熟），切成条或块，放入坛中。再放入花椒、茴香、料酒。

（3）泡制　盖好坛盖，添足坛沿水，泡制 7～10 天，即可食用。

4. 产品特点

咸麻带酸，脆健爽口。

5. 注意事项

① 若无料酒，也可用白酒。

② 盐水一定要淹没菜面。

（七）什锦洋泡菜

1. 产品配方

洋白菜 20kg，胡萝卜 10kg，芹菜 10kg，洋姜 5kg，黄瓜 3kg，白醋 4kg，白糖 1kg，精盐适量，味精少许。

2. 工艺流程

原料整理→配料浸渍→成品

3. 操作要点

（1）原料整理　将胡萝卜洗净，去皮，切成薄片。将芹菜去根、老帮和叶（留作别用），清洗干净，放沸水中烫一下，捞出晾凉，斜切成片。将洋白菜洗净，放沸水中烫一下，捞出晾凉，切成小片。将黄瓜、洋姜洗净，切成薄片。

（2）配料浸渍　将上述各料放在大盆中，加入精盐、白醋、白糖、味精，拌匀，浸渍 4～6h，取出装盘，即可上桌供食。

4. 产品特点

色泽美观，质地脆嫩，味酸爽口，有解油腻作用。

5. 注意事项

配料可根据不同地方的口味要求适当调整。

（八）四川什锦泡菜

1. 产品配方

白菜 10kg，鲜青辣椒、鲜红辣椒、鲜姜各 4kg，圆白菜 3kg，胡萝卜 2kg，嫩豇豆 1.3kg，白萝卜 1kg，黄瓜、大蒜、苦瓜、生姜片、芥菜梗、芹菜梗各 0.7kg，食盐 4kg，白酒 2kg，干辣椒、花椒各 0.2kg，凉开水 20～25kg。

2. 工艺流程

制泡菜液→晒菜→入坛泡制→成品

3. 操作要点

（1）制泡菜液　将食盐、干辣椒、花椒同时放入泡菜坛内，再加入白酒及凉开水，搅拌均匀，待食盐溶化后，即可使用。

（2）晒菜　将菜料全部洗净，晾干。用不锈钢刀切成各种小块或小段。如果菜料水分过大，可略晒去水分。黄瓜和圆白菜也可以先用沸水烫一下，再略晒去水分。

（3）入坛泡制　将所有菜料、调料放入泡菜坛内，搅拌均匀，使泡卤浸泡全部菜料。于坛沿处加水后，用盖盖严。夏天泡 1～2 天，冬天泡 3～4 天，即可食用。

4. 产品特点

为四川风味泡菜，味道咸酸辣香，爽脆可口，是著名的佐餐小菜。

5. 注意事项

① 喜食甜味者，可以在泡菜水内加入少量白糖。

② 酒最好用高粱白酒，无高粱白酒时，也可用其他粮食酒。

③ 菜料可以根据个人爱好选用。配料中，不喜欢的成分可少用或不用，将对应用量加到其余菜料上。

④ 整个操作过程要注意干净卫生，尽可能做到不让生水进入坛中，取食泡菜时也要注意切忌沾油，以防泡菜变质。

（九）山西什锦泡菜

1. 产品配方

大白菜 100kg，胡萝卜 10kg，芹菜 8kg，野苦菜 5kg，大红柿椒 3kg，食盐 5kg，汾酒 2kg。

2. 工艺流程

配盐卤→原料处理→真空控水→入罐发酵→成品

3. 操作要点

（1）配盐卤　将 100kg 清水烧开，加食盐 5kg 溶化，再将盐水自然降温至 10℃左右。

（2）原料处理　将大白菜去根、去老帮，洗净切成瓣。将胡萝卜洗净，去皮，切成细条。芹菜去根，去叶，洗净，切成 10～12cm 小段。大红柿椒洗净，用刺孔机或针刺出小孔。野苦菜去根洗净，切成小段。

（3）真空控水 用真空吸水机除去蔬菜表面的水分和组织中的部分水分，以便入味和渗透。

（4）入罐发酵 将盐卤水和各种菜料放入发酵罐中，加入汾酒，封严盖口，在 15～20℃下发酵 10 天左右，即可食用。

4. 产品特点

质地脆嫩，香气浓郁，咸甜爽口。

（十）中式什锦泡菜

1. 产品配方

白萝卜、大白菜、黄瓜各 10kg，胡萝卜、芹菜、青辣椒各 5kg，嫩姜 3kg，食盐 8kg，白胡椒粉 200g，红干辣椒丝 500g，凉开水 100kg，白糖适量。

2. 工艺流程

选料→洗净、晾干→配盐水→入坛泡制→成品

3. 操作要点

（1）选料 选取质地脆嫩、肉质肥厚而不易软化的新鲜蔬菜为原料。如苦瓜、嫩姜、大头菜、芸蓝、白萝卜、胡萝卜、洋白菜、大白菜、四季豆、嫩扁豆、黄瓜、莴笋、红辣椒、青辣椒等，可根据个人口味的不同进行挑选。

（2）洗净、晾干 将选取的蔬菜剔去粗老部分、根部，放入水中漂洗干净，切成块或条，再摊放在容器中晾 3h 左右，待菜面上的水分晾干。

（3）配盐水 先将凉开水入锅煮沸，然后加入食盐，待食盐在沸水中溶化后，即可断火，使盐水冷却。

（4）入坛泡制 准备泡菜坛 1 个，洗净，用酒精消毒。然后将冷却的盐水和晾干的菜块都倒入泡菜坛内，再加入白胡椒粉、红干辣椒丝、白糖辅料。盖上盖。并在坛沿中盛上冷开水，勿使漏气。一般，在室内发酵 10 天左右，就可食用。

4. 产品特点

质地脆嫩，香气浓郁，咸甜适度，色泽鲜艳美观，入口清脆爽口。

5. 注意事项

① 泡制时，所有蔬菜要完全淹没在泡菜水中。

② 装坛应当装满，坛沿一定要加水密封。

(十一) 高丽泡菜

1. 产品配方

圆白菜 1/2 个，胡萝卜 1/2 个，蒜仁 40g，红辣椒 4 个，白醋 2 小匙，砂糖 2 大匙，盐 3 大匙，味精 2 中匙。

2. 工艺流程

原料整理→混料腌渍→成品

3. 操作要点

(1) 原料整理　将圆白菜切成片状，胡萝卜切丝，蒜仁拍碎，红辣椒切斜片。用适量盐均匀揉渍约 10min 后，取出用冷开水洗去盐分及涩味，沥干备用。

(2) 混料腌渍　将圆白菜、蒜仁、红辣椒、胡萝卜、白醋、砂糖、剩余盐、味精混合后，放入玻璃容器内。加盖密封浸渍约 3 天，或泡至入味，即可食用。

(十二) 朝鲜泡菜

1. 产品配方

大白菜 10kg，黄瓜、苹果、胡萝卜各 2.5kg，梨 2kg，辣椒粉 1kg，海米 600g，精盐、味精、葱、蒜、姜末各适量。

2. 工艺流程

原料处理→入坛泡制→成品

3. 操作要点

(1) 原料处理　将大白菜洗净，晾干水分，切成菱形片，用适量精盐腌拌片刻，洗去盐分，晾干水分。将胡萝卜切成丝，用沸水烫过，冷水冷却，晾干水分。将苹果、梨去皮去核，切成梳子片，用凉开水浸泡。将黄瓜去籽，切成条，用精盐腌拌片刻，洗去盐分，晾干水分。将葱、姜、蒜等去皮，切成末。

(2) 入坛泡制　将大白菜片、黄瓜条、胡萝卜丝、苹果片、梨片、海米放入泡菜坛中，加精盐、味精适量，拌一拌，然后加入辣椒粉，葱、姜、蒜末，拌匀后装入有盖的泡菜坛中，泡制 3～5 天即可食用。

4. 产品特点

色泽红艳，口味香辣咸鲜，脆嫩爽口。

5. 注意事项

① 各种原料要清洗干净。

② 装坛时应当装满。

③ 大白菜可用大头菜代替。胡萝卜可用其他萝卜代替。

④ 腌渍之后的原料及水烫后的原料都要用清水浸过，且要晾干水分，否则容易变质。

⑤ 尽量随泡制随食用，若需保存，则可滴几滴高度白酒在泡菜水的液面。

（十三）法式泡菜

1. 产品配方

水 400g，小洋葱 160g，胡萝卜 100g，蜂蜜 90g，菜花 70g，酸黄瓜 60g，白葡萄酒、醋各 60mL，百里香 1 束，月桂叶 1 片，海盐 6 茶匙，白胡椒碎 1 茶匙，龙蒿 1 束，莳萝 4 束。

2. 工艺流程

原料整理→配料泡制→成品

3. 操作要点

（1）原料整理 菜花切成小块，胡萝卜切成条状，小洋葱剥皮。

（2）配料泡制 锅中放入水、白葡萄酒、醋、蜂蜜、百里香、月桂叶、海盐和白胡椒碎，加热煮沸。加入胡萝卜和小洋葱，煮沸后关小火继续煮 20min。放入菜花和龙蒿，继续煮 10min。关火，放入酸黄瓜。将锅放入冰水中，至完全冷却。莳萝切碎，加入冷却后的泡菜中。装罐泡制、储存。

4. 产品特点

浓浓法国风情的泡菜，酸甜可口。

（十四）韩国应时泡菜

1. 产品配方

芹菜 1kg，白萝卜 500g，水梨 300g，黄甜椒、红甜椒各 100g，大蒜（切末）30g，葱（切段）30g，姜 5 片，盐 70g，腌咸虾 15g，糖 20g，辣椒粉 10g，水 600g。

2. 工艺流程

原料整理→预腌泡→入坛泡制→成品

3. 操作要点

（1）原料整理 将材料洗净沥干后切好备用。

（2）预腌泡 用盐水（70g 盐加入 600g 水中）腌泡约 1 天后，将盐水过滤去除。

（3）入坛泡制 将腌咸虾、糖、辣椒粉等调味料搅拌均匀加入上述材料，再放入坛中加盖冷藏，腌制约 1 天，待入味即可食用，约可保存 1 周。

4. 产品特点

清脆芳香，鲜健如初。

5. 注意事项

各种用具要洗涤干净，不可有油污引入。

（十五）韩国什锦泡菜

1. 产品配方

白菜 6kg，白萝卜 1.5kg，雪梨、姜蓉、蒜蓉、葱各 50g，洋葱、芹菜、松仁、韩国卤虾酱各 30g，食盐 200g，辣椒粉 10g，芝麻适量。

2. 工艺流程

原料整理→预腌制→材料混合→腌制→成品

3. 操作要点

（1）原料整理　白菜洗净，切成两半。

（2）预腌制　在白菜叶片之间均匀地撒上食盐，于室温下腌 4h。

（3）材料混合　将白萝卜、雪梨、葱放在大碗内与蒜蓉、姜蓉、辣椒粉混合，然后放入韩国卤虾酱、芹菜、洋葱粒等拌匀，试一试味，若味道不够，可酌量加入辣椒粉及食盐。

（4）腌制　将腌料均匀地铺在白菜叶片中间，然后将叶片收起呈半圆状，静腌。若需当日食用，放在室温的大碗内腌制 12h，即可。

4. 产品特点

质地脆嫩，味道香辣，略酸咸，佐菜佳品。

5. 注意事项

存放泡菜的器皿最好带盖、密封，置于 0～5℃ 的冰箱内，可存放 2 个月以上。若喜欢爽脆口感，腌上 12h 或 2～3 天即可。

二、荤素搭配

（一）泡猪头萝卜丝

1. 产品配方

猪头肉 100kg，干萝卜丝 100kg，食盐 10kg，白糖 6kg，辣椒面 2kg，白酒 100mL，味精、花椒、八角各少许，大米适量。

2. 工艺流程

原料处理→辅料炒制→拌料入坛成熟→成品

3. 操作要点

（1）原料处理　将猪头刮洗干净，切成数块放入锅内煮至七成熟，取出去骨，将肉切成丝或片。

（2）辅料炒制　把大米、花椒、八角一并放入锅内用微火炒几分钟，嗅到煳香味时即可取出。

（3）拌料入坛成熟　将干萝卜丝、炒制的辅料、猪头肉丝（或片）、食盐、味精、白酒、白糖、辣椒面混在一起拌匀，待冷却后装入泡菜坛，压紧，密封，15 天后即可食用。

4. 产品特点

云南民间特色，色鲜味美，香而不腻。

5. 注意事项

装坛时，应当注意装满、压紧，以防产品败坏。

（二）胡萝卜泡猪肚

1. 产品配方

熟猪肚 400g，胡萝卜 100g，小米辣 75g，食盐 25g，味精 5g，陈皮 4g，香叶 2g，纯净水 500g。

2. 工艺流程

原材料处理→配料腌渍→成品

3. 操作要点

（1）原材料处理　将熟猪肚内的油脂去净，横着纹络切成筷子粗的条，用开水焯透，捞出晾凉。胡萝卜洗净，切成筷子粗的条；小米辣洗净，去蒂备用。

（2）配料腌渍　将纯净水倒入保鲜盒内，加入香叶、陈皮、食盐、味精和小米辣泡制 0.5h。放入猪肚条和胡萝卜条，加盖晃匀。置于冰箱冷藏，泡至入味即可。

4. 产品特点

风味独特，回味香醇。

5. 注意事项

猪肚焯水时间不宜过长，焯水后充分洗净。

（三）泡菜心脆耳

1. 产品配方

菜心 600g，熟猪耳 500g，大蒜 60g，虾酱、盐、白糖、味精、辣椒粉、白醋各适量。

2. 工艺流程

原材料处理→配料泡腌→成品

3. 操作要点

(1) 原材料处理   将菜心择净，分别劈成两半，放入沸水锅内焯一下，捞出晾凉，挤干水分。熟猪耳用斜刀片成长薄片。大蒜切成末。

(2) 配料泡腌   将大蒜与虾酱、白糖、白醋、辣椒粉、盐、味精调和在一起制成泡腌调料。将焯水后的菜心、猪耳片一层一层地码入容器中，层与层之间均匀涂抹泡腌料，泡腌 24h，即可食用。

4. 产品特点

荤素搭配，色泽诱人，脆嫩鲜美。既可佐饭，又可下酒。

5. 注意事项

① 熟猪耳可自己加工，即将生猪耳刮洗干净，先经焯水，再加葱、姜、蒜、盐煮熟压平即可。

② 此菜泡制时间要充足，每次泡制的量不宜太多。

（四）泡鱼丝白菜

1. 产品配方

大白菜 10kg，萝卜 2.5kg，鲜鱼汤 2.5kg，鱼肉丝 1.5kg，大蒜泥 500g，食盐 300g，姜末 250g，辣椒粉 250g，味精 25g。

2. 工艺流程

原料整理→预腌渍→加料泡制→成品

3. 操作要点

(1) 原料整理   挑选包心紧密的大白菜，去掉菜头和外帮，洗净沥干后切成条；将萝卜切成丝。将它们分别盛在缸和碗内待用。

(2) 预腌渍   用 2.5kg 冷开水溶解 150g 食盐，和匀后分别注入装有白菜和萝卜的不同容器，各自腌泡 1～2 天。

(3) 加料泡制   捞出白菜、萝卜沥干，和鱼肉丝、辣椒粉、大蒜泥、姜末混合均匀，装缸。将鲜鱼汤冷却后加入剩余的食盐和味精，倒入缸内，淹没菜料，盖上缸盖，泡制 10 天后，即可食用。

4. 产品特点

色香酸辣，味道鲜美，兼有鱼香。

5. 注意事项

① 装缸时应当压紧。

② 缸口应当密封良好。

（五）水果泡三黄鸡

1. 产品配方

净三黄鸡 1 只（约 1kg），苹果、雪梨各 150g，鲜柠檬 100g，泡野山椒水 200g，泡野山椒 150g，纯净水 200g，食盐、味精、清水、纯净水各适量。

2. 工艺流程

原料处理→果味山椒汁制备→泡制→成品

3. 操作要点

（1）原料处理　将净三黄鸡放入沸水锅中焯至紧皮，捞在清水中洗净。汤锅上火，添入适量清水烧开，放入三黄鸡以小火浸至刚熟，捞出用纯净水冲凉，控尽水分。

（2）果味山椒汁制备　将泡野山椒去蒂，切成细末；苹果、雪梨去皮及核，切片；柠檬洗净，切片。将泡野山椒水倒入盆中，加入纯净水调匀，再加入泡野山椒、食盐、味精调好味，最后放入苹果片、雪梨片和柠檬片，即成果味山椒汁。

（3）泡制　把预处理过的三黄鸡放入果味山椒汁中，用保鲜膜封好口，泡至入味。食用时，将三黄鸡捞出，斩块装盘，淋上少许山椒汁，即可上桌。

4. 产品特点

独具美味，风味诱人。

（六）胡萝卜泡鸭肝

1. 产品配方

鲜鸭肝 500g，胡萝卜 100g，小米辣 50g，食盐 15g，白酒 15g，白糖 5g，花椒 5g，葱 2 段，生姜 3 片，山椒水、纯净水、清水各适量。

2. 工艺流程

原材料处理→入坛泡制→成品

3. 操作要点

（1）原材料处理　鲜鸭肝放在小盆中，加入 5g 食盐和 5g 白酒，用手轻轻抓捏一会，沥去水分，再用清水漂洗两三遍，控干水分。锅重置火上，添入适量清水，放入葱段、姜片和鸭肝，以小火煮至八九成熟，捞出过凉水，控干水分。将熟鸭肝切成小块；胡萝卜洗净，切成片；小米辣洗净。均待用。

（2）入坛泡制　将山椒水和纯净水倒入泡菜坛内，加入 10g 食盐、10g 白酒、白糖和花椒搅匀。放入胡萝卜、熟鸭肝和小米辣，盖好坛口，静置于阴凉处，泡至入味即成。

4. 产品特点

味道适宜，风味独特。

（七）鸭肠泡蒜薹

1. 产品配方

熟鸭肠 300g，蒜薹 200g，食盐 12g，八角 4g，老姜片 6g，泡菜盐水、开水各适量。

2. 工艺流程

原材料处理→入坛泡制→成品

3. 操作要点

（1）原材料处理　熟鸭肠切成 5cm 长的段；蒜薹洗净，切成 3cm 长的段。

（2）入坛泡制　将开水倒入泡菜坛内，放入食盐、八角和老姜片，搅匀晾冷。再加入泡菜盐水搅匀。放入熟鸭肠和蒜薹，再次搅匀。盖好坛口，泡至入味，即可食。

4. 产品特点

脆爽口香，蒜味突出。

（八）葱头泡鸭脖

1. 产品配方

净鸭脖 500g，葱头 100g，食盐 10g，味精 5g，八角 3g，香料盐水适量。

2. 工艺流程

原材料处理→入坛泡制→成品

3. 操作要点

（1）原材料处理　将鸭脖放进净水锅中，煮熟，捞起晾干水分。将熟鸭脖斩成段；葱头去皮，洗净，切成条待用。

（2）入坛泡制　将香料盐水倒入泡菜坛内，加入食盐、味精和八角搅匀。放入熟鸭脖和葱头条，加盖封口，泡 6 天至入味。食用时，捞起与香油拌匀，装盘上桌。

4. 产品特点

口感宜人，葱味浓郁。

（九）牛肉泡什锦

1. 产品配方

白菜 4kg，萝卜 1kg，牛肉汤 1kg，牛肉末 600g，大葱 200g，大蒜 200g，苹

果 200g，梨 200g，辣椒粉 100g，食盐 120g，味精 10g。

2. 工艺流程

原料整理→腌制→入坛→泡制→成品

3. 操作要点

（1）原料整理　将选好的健嫩白菜去菜头，去老帮，洗净沥干，切成小块。萝卜洗净，去皮，去根，去顶，切成小块或片。苹果、梨洗净沥干，去籽，切成片。大葱择好，洗净，沥干，剁成碎末待用。

（2）腌制　分别将白菜、萝卜装入不同盆内，并分别用 60g 盐和 20g 盐腌制 4h。

（3）入坛　把经过预处理的白菜、萝卜捞出，沥干水分，再和苹果、梨、牛肉末、葱末、蒜末、辣椒粉一起拌匀装坛。

（4）泡制　用冷却后的牛肉汤溶化剩余的食盐和味精，搅匀后注入坛内，淹没菜料，盖上坛盖。泡制约 10 天后，即可食用。

4. 产品特点

质地脆嫩，鲜味绵长，酸辣可口，尤其肉味香气诱人，为朝鲜风味泡菜。

5. 注意事项

① 在整个制作过程中，无论器皿还是双手都要保持清洁卫生，以防引起泡菜变质。

② 不要有生水进入器皿和泡菜中。

③ 泡制初期可能出现一层白沫，可用白酒处理。如以后发现恶臭味或菜变质，则弃之勿食。

（十）肉末泡菜

1. 产品配方

大白菜 1kg，牛肉汤 300g，白萝卜 200g，熟牛肉末 150g，苹果片 50g，白梨片 50g，葱末 50g，蒜末 50g，精盐 2 大匙，味精 1 小匙，辣椒粉适量。

2. 工艺流程

原料处理→入坛泡制→成品

3. 操作要点

（1）原料处理　将白菜洗净，切成 4cm 长的块儿，再撒上少许精盐拌匀，腌渍 50min，挤干水分。将白萝卜去皮，洗净，先切成两瓣，再顶刀切片后，撒上少许精盐拌匀，腌渍 50min，挤干水分。

（2）入坛泡制　将苹果片、白梨片，以及腌渍过的白菜、白萝卜装入泡菜坛中，加入熟牛肉末、葱末、蒜末、辣椒粉、味精拌匀，最后再添入牛肉汤，盖严坛盖，腌泡 10 天，即可食用。

（十一）牛肉汤泡菜

1. 产品配方

白菜嫩帮 1.5kg，牛肉清汤 750g，苹果梨 150g，白萝卜 150g，葱丝 25g，姜丝 15g，蒜蓉 25g，辣椒粉 1 大匙，精盐 3 大匙，白醋 2 大匙，味精 1 小匙。

2. 工艺流程

原料处理→入坛泡制→成品

3. 操作要点

（1）原料处理　白菜嫩帮洗净，切成小条，加上适量精盐拌匀，腌渍 4h，取出，挤出渗出的水分。白萝卜去皮洗净，切成小条，加入精盐拌匀，腌出水分，沥净。苹果梨去皮去核，切成小片。

（2）入坛泡制　将苹果梨片和预处理过的白菜条、白萝卜条一起装入泡菜坛内，加入牛肉清汤、白醋、辣椒粉、精盐、味精、葱丝、姜丝和蒜蓉调拌均匀。盖上泡菜坛盖，盖边倒上清水密封，置于阴凉通风处腌泡 2 天，即可取出食用。

（十二）什锦泡菜

1. 产品配方

老泡菜坛盐水 400g，无骨鸡爪 300g，鸭胗 300g，鸡冠 250g，猪耳 1 个，猪尾 2 根，子姜 200g，青柿子椒 150g，泡红辣椒 250g，野山椒 2 小瓶，芹菜梗 75g，花椒 6g，大葱头 60g，老姜 30g，白酒 40g，凉开水、盐各适量。

2. 工艺流程

鸡爪、鸡冠预处理→鸭胗预处理→猪耳、猪尾预处理→素菜预处理→混料拌匀→泡制→成品

3. 操作要点

（1）鸡爪、鸡冠预处理　将无骨鸡爪、鸡冠分别放入锅中用开水汆烫一下，捞出洗净后放入凉开水中浸泡。

（2）鸭胗预处理　鸭胗片去筋膜老皮，切成厚约 0.2cm 的鸡冠形片，入沸水锅内煮至刚断生捞出，投入清水中漂凉。

（3）猪耳、猪尾预处理　猪耳、猪尾用火燎尽残毛，刮洗干净，入锅加清水、适量姜和葱、白酒煮至变软断生后，用清水冲漂凉透后捞出。猪耳削去耳心切薄片，猪尾剁短节，然后将耳片、猪尾加少许盐、花椒、适量姜和葱、白酒拌匀腌渍。

（4）素菜预处理　子姜刮洗干净后对剖撕开，青柿子椒去蒂去籽切大块后洗净，芹菜梗削筋洗净后切成长节，泡红辣椒去蒂，花椒去籽，适量姜和葱洗净拍破。

（5）混料拌匀　在泡菜盆内注入凉开水和盐，调匀底味后，倒入老泡菜坛盐水搅匀。然后将预处理的鸡爪、鸡冠、鸭肫片捞出沥去水分，与猪耳片、猪尾、子姜、青柿子椒块、泡红辣椒、芹菜节、野山椒、花椒、适量姜和葱、白酒一道入盆和匀。

（6）泡制　将泡菜盆覆上保鲜膜置于阴凉处，浸泡腌渍 10～12h，甚至更长时间，待各种料均匀入味，即可取出食用。

4. 产品特点

荤素搭配，爽口开胃。

5. 注意事项

① 混料拌匀和泡制时，确保泡菜盆内的水以刚淹没各种原料为宜。

② 夏天最好放入冷柜中保鲜。

（十三）四川老泡坛

1. 产品配方

川椒 300g，鸡爪 200g，猪耳 100g，猪尾 100g，泡姜 50g，精盐适量，味精 1/2 小匙，白酒 200g。

2. 工艺流程

原料预处理→入坛泡制→成品

3. 操作要点

（1）原料预处理　将鸡爪、猪耳、猪尾分别洗净，均切成 4cm 长的段。锅中加入适量清水烧沸，放入鸡爪、猪耳、猪尾煮至断生，捞出晾凉。另将川椒洗净，切段。

（2）入坛泡制　将预处理过的鸡爪、猪耳、猪尾，以及泡姜、川椒一起放入老泡菜坛内，再加入味精、白酒、精盐拌匀，浸泡 24h，即可食用。

（十四）老坛香

1. 产品配方

泡野山椒 2 瓶，猪耳 100g，鸡爪 100g，鸡冠 100g，芹菜 75g，胡萝卜 75g，木耳 10g，银耳 10g，胡椒 20g，精盐 1 大匙，白醋 1 瓶。

2. 工艺流程

素菜原料预处理→荤菜原料预处理→腌泡料制备→腌泡→成品

3. 操作要点

(1) 素菜原料预处理　木耳、银耳用清水涨泡，去蒂，洗净，撕成小块。芹菜、胡萝卜分别洗净整理干净，沥干水分，芹菜切成小段，胡萝卜切成小条。

(2) 荤菜原料预处理　猪耳、鸡爪、鸡冠分别洗涤整理干净，一起放入清水锅中烧沸，焯煮至断生，捞出肉料，沥去水分，晾凉，均切成小块。

(3) 腌泡料制备　泡菜坛洗净，擦净内部水分，将泡野山椒连汁倒入坛中，加入胡椒、精盐、白醋调匀，制备好腌泡料。

(4) 腌泡　将预处理过的猪耳、鸡爪、鸡冠、木耳、银耳、芹菜、胡萝卜都放入泡菜坛中，调拌均匀，盖上坛盖，置于阴凉通风处腌泡 24h，即可食用，随吃随取。

(十五) 爽口老坛子

1. 产品配方

鲜猪耳 500g，泡菜盐水 100g，白醋 30g，料酒 15g，鸡爪 3 个，胡萝卜 1根，黄瓜 1 根，泡甜椒、泡子姜各适量，葱段、香菜叶、姜片各若干，野山椒、醪糟汁、盐、红糖各少许。

2. 工艺流程

原料处理→入坛泡制→成品

3. 操作要点

(1) 原料处理　鲜猪耳刮洗干净，放入沸水中加进姜片、葱段、料酒氽烫至熟，捞出压平，晾凉切成薄条片，以温开水洗去油脂，加冰冰成脆耳。鸡爪入沸水中氽熟，去大骨和爪尖。胡萝卜去皮并与黄瓜一起洗净切成条状待用。

(2) 入坛泡制　将泡菜盐水、白醋、料酒、醪糟汁、盐、红糖、香菜叶、野山椒混合调匀，依次放入胡萝卜条、黄瓜条，泡制 12h 后，与脆耳、鸡爪、泡子姜、泡甜椒一起装入干净的玻璃坛内，密封，泡至入味，即可食用。

4. 产品特点

色泽艳丽，口感脆爽，开胃佐酒。

5. 注意事项

① 猪耳、鸡爪要选新鲜无疤痕的，野山椒、泡子姜要选色黄、香辣、酸味纯正的，这样泡出的菜和肉才够味。

② 鲜猪耳氽熟后捞出，要用重物压平整，以便处理成形。

③ 此泡菜也可选用鲜鱿片、海蜇皮等其他脆性原料泡制，只是预制时氽水时间不可过长，以免质老，影响成品口感。

（十六）京都泡菜坛

1. 产品配方

大白菜 500g，牛肉汤 150g，白萝卜 50g，苹果 25g，雪梨 25g，味精 25g，洋葱 25g，青蒜 25g，盐 15g，辣椒面 15g。

2. 工艺流程

原料处理→入坛泡制→成品

3. 操作要点

（1）原料处理　选用上好的大白菜，去尾部，洗净后剖 4 瓣，晾干，并用盐腌 4h。白萝卜、洋葱洗净，去皮后切片，用盐腌好。苹果和雪梨去核切片。蒜捣碎成泥。

（2）入坛泡制　将腌好的大白菜、白萝卜、洋葱沥去水分，装入泡菜坛。把苹果、雪梨、牛肉汤和所有调料兑在一起，浇在白菜上，以没过白菜为准，再用干净重物压在白菜上。密封泡菜坛，放在温度较高处，泡制 2～3 天，即可食用。

4. 产品特点

微酸辣，清香爽口，风味独特。

5. 注意事项

① 泡制中，如发现腐菜，应及时清坛，并适当加盐和其他调料进行处理。

② 整个过程中，勿使生水入坛，且取食时忌沾油。

（十七）朝鲜什锦泡菜

1. 产品配方

大白菜 10kg，萝卜 2.5kg，牛肉末 1.5kg，鱼肉丝 1.5kg，蟹肉汤 1L，干贝汤 1L，牛蹄筋汤 1L，苹果 500g，梨 500g，大葱 500g，大蒜 500g，辣椒粉 250g，生姜 250g，食盐 400g，味精 25g。

2. 工艺流程

原料处理→原辅料混合→泡制→成品

3. 操作要点

（1）原料处理　将大白菜去老帮，洗净，沥干，切成小条。将萝卜洗净，去皮，切成丝，分别将它们装入缸内，用食盐 150g 预腌 4h。将苹果、梨洗净沥干，去核切成小条。将大葱、大蒜、生姜洗净后剁成碎末。

（2）原辅料混合　捞出腌制中的白菜、萝卜沥干水分，与苹果、梨、牛肉末、鱼肉丝、葱末、姜末、蒜末和辣椒粉混合拌匀装缸。

（3）泡制　将冷却后的蟹肉汤、干贝汤、牛蹄筋汤混合在一起，加入剩余的食盐和味精，搅拌后倒入缸内。淹没菜料，盖上缸盖，发酵 10 天左右，便可食用。

4. 产品特点

酸辣可口，质脆味香，诱人食欲。

5. 注意事项

① 各种原料要清洗干净，装缸（坛）时应当装满压实，并封好坛盖，防止生白膜。

② 洗净后的原料及水烫后的原料都要晾干水分，否则容易变质。

③ 尽量随泡制随食用，不宜一次泡制量过大，以免变质。若需长期保存，则可滴几滴高度白酒在泡菜水的液面。

（十八）韩国白菜包泡菜

1. 产品配方

白菜 5kg，萝卜 1kg，芥菜 200g，水芹 100g，鱿鱼 1 条，鳗鱼 1 条，酱黄花鱼 50g，细葱 50g，蒜 50g，生姜 30g，辣椒丝 30g，辣椒粉 20g，香菇 10g，生栗 20g，松仁 30g，大枣 50g，石耳 2 个，盐、梨适量，9％的盐水若干。

2. 工艺流程

原料预处理→调料添加→制作白菜包、入坛→泡制→成品

3. 操作要点

（1）原料预处理　白菜分半，腌在 9％的盐水里。萝卜按宽 3cm、长 4cm、高 0.5cm 大小切成片，并用盐腌好。腌的白菜切成同样大小。梨与萝卜切成同样大小。生栗切成片，水芹、芥菜切成 4cm 大小。鱿鱼去皮切成 4cm 大小，鳗鱼切成薄片，酱黄花鱼的厚肉片取出。把泡涨的香菇和石耳切成粗条，葱、姜、蒜切成丝。

（2）调料添加　在萝卜、白菜中放海味和佐料，用辣椒粉拌后以酱黄花鱼汁调味。

（3）制作白菜包、入坛　在小碗里铺 2～3 张白菜叶，并将拌好的泡菜放在上面，把香菇、生栗、辣椒丝、松仁、梨片等放在上面，把白菜叶按顺序盖好，并装在坛内。

（4）泡制　用鱼头和鱼骨头熬成汤后晾凉，并放入 5％的盐调味，加入菜料中，于阴凉处泡制，待其入味，即可食用。

4. 产品特点

鲜香可口，开胃佐菜。

5. 注意事项

入坛后，盖好坛盖，添足坛沿水，密封坛口，产品才不易坏。

（十九）韩国海蜇瓜皮泡菜

1. 产品配方

海蜇皮150kg，西瓜皮300kg，葱丝150g，辣椒丝20g，盐、糖各适量。

2. 工艺流程

海蜇皮整理→西瓜皮整理→拌料腌渍→成品

3. 操作要点

（1）海蜇皮整理　将海蜇皮切丝并对切，用水清洗多次后，泡2min去咸味，以清水再次清洗后，捞起沥干水分。

（2）西瓜皮整理　将西瓜皮洗净，去除外皮青色部分以及白皮内绵囊部分后，再切成0.5cm厚的长条，用盐腌15min。西瓜皮软化出水后，再挤干水分。

（3）拌料腌渍　将所有材料加入调味料拌匀，腌制一段时间，入味后即可食用。

4. 产品特点

味美清香，清脆爽口，别具风味。

5. 注意事项

西瓜皮整理时，外皮青色部分与白皮内绵囊部分去除适宜，以保证成品的可口性。

参 考 文 献

[1] Apte M, Achaya K T, Khare R S, et al. Indian food: A historical companion [J]. The Journal of Asian Studies, 1996, 55 (2): 478.

[2] Bagder Elmaci S, Tokatli M, Dursun D, et al. Phenotypic and genotypic identification of lactic acid bacteria isolated from traditional pickles of the Cubuk region in Turkey [J]. Folia Microbiologica, 2015, 60 (3): 241-251.

[3] Cheigh HS, Park KY. Biochemical, microbiological, and nutritional aspects of kimchi (Korean fermented vegetable products) [J]. Critical Reviews in Food Science and Nutrition, 1994, 34 (2): 175-203.

[4] Choi I H, Noh J S, Han J S, et al. Kimchi, a fermented vegetable, improves serum lipid profiles in healthy young adults: randomized clinical trial [J]. Journal of Medicinal Food, 2013, 16 (3): 223-229.

[5] Ding Z S, Johanningsmeier S D, Price R, et al. Evaluation of nitrate and nitrite contents in pickled fruit and vegetable products [J]. Food Control, 2018, 90: 304-311.

[6] He Z, Chen H, Wang X, et al. Effects of different temperatures on bacterial diversity and volatile flavor compounds during the fermentation of Suancai, a traditional fermented vegetable food from Northeastern China [J]. LWT - Food Science and Technology, 2020, 118: 108773.

[7] Huang T, Wu Z, Zhang W. Effects of garlic addition on bacterial communities and the conversions of nitrate and nitrite in a aimulated pickle fermentation system [J]. Food Control, 2020, 113: 107215.

[8] Jang G J, Kim D W, Gu E J, et al. GC/MS-based metabolomic analysis of the radish water kimchi, Dongchimi, with different salts [J]. Food Science and Biotechnology, 2015, 24 (6): 1967-1972.

[9] Jeong S H, Jung J Y, Lee S H, et al. Microbial succession and metabolite changes during fermentation of dongchimi, traditional Korean watery kimchi [J]. International Journal of Food Microbiology, 2013, 164 (1): 46-53.

[10] Jeong S H, Lee H J, Jung J Y, et al. Effects of red pepper powder on microbial communities and metabolites during kimchi fermentation [J]. International Journal of Food Microbiology. 2013, 160 (3): 252-259.

[11] Jung J Y, Lee S H, Jeon C O. Kimchi microflora: history, current status, and perspectives for industrial kimchi production [J]. Applied Microbiology and Biotechnology, 2014, 98 (6): 2385-2393.

[12] Kim D W, Kim B M, Lee H J, et al. Effects of different salt treatments on the fermentation metabolites and bacterial profiles of kimchi [J]. Journal of Food Science, 2017, 82 (5): 1124-1131.

[13] Kim E K, An S Y, Lee M S, et al. Fermented kimchi reduces body weight and improves metabolic parameters in overweight and obese patients [J]. Nutrition Research, 2011, 31 (6): 436-443.

[14] Kim S H, Kang K H, Kim S H, et al. Lactic acid bacteria directly degrade N-nitrosodimethylamine

and increase the nitrite-scavenging ability in Kimchi [J]. Food Control, 2017, 71: 101-109.

[15]　Lee M, Song J H, Jung M Y, et al. Large-scale targeted metagenomics analysis of bacterial ecological changes in 88 kimchi samples during fermentation [J]. Food Microbiology, 2017, 66: 173-183.

[16]　Lim S B, Shin S Y, Moon J S, et al. Garlic is a source of major lactic acid bacteria for early-stage fermentation of cabbage-kimchi [J]. Food Science and Biotechnology, 2015, 24 (4): 1437-1441.

[17]　Liu Z, Peng Z, Huang T, et al. Comparison of bacterial diversity in traditionally homemade paocai and Chinese spicy cabbage [J]. Food Microbiology, 2019, 83: 141-149.

[18]　Noh J S, Choi Y H, Song Y O. Beneficial effects of the active principle component of Korean cabbage kimchi via increasing nitric oxide production and suppressing inflammation in the aorta of ApoE knockout mice [J]. British Journal of Nutrition, 2013, 109 (1): 17-24.

[19]　Rao Y, Qian Y, Tao Y, et al. Characterization of the microbial communities and their correlations with chemical profiles in assorted vegetable Sichuan pickles [J]. Food Control, 2020, 113: 107174.

[20]　Sutton E. Inventing exoticism: Geography, Globalism, and Europe's early modern world [J]. Journal of Historical Geography, 2016 (52): 121-122.

[21]　Torck M . Avoiding the dire straits: an inquiry into food provisions and scurvy in the maritime and military history of China and wider East Asia [M]. Wiesbaden: Harrassowitr Verlaa, 2009.

[22]　Wang D, Chen G, Tang Y, et al. Effects of temperature on paocai bacterial succession revealed by culture-dependent and culture-independent methods [J]. International Journal of Food Microbiology, 2020, 317: 108463.

[23]　Xiao Y, Xiong T, Peng Z, et al. Correlation between microbiota and flavours in fermentation of Chinese Sichuan Paocai [J]. Food Research International, 2018, 114: 123-132.

[24]　Xiong T, Li J B, Liang F, et al. Effects of salt concentration on Chinese sauerkraut fermentation [J]. Lwt-Food Sci Technol. 2016, 69: 169-174.

[25]　Yun L, Mao B Y, Cui S M, et al. Effects of different fermentation methods on the physicochemical properties and flavor of pickle [J]. Food and Fermentation Industries, 2020, 46 (13): 69-75.

[26]　Zhang Q, Chen G, Shen W, et al. Microbial safety and sensory quality of instant low-salt Chinese paocai [J]. Food Control, 2016, 59: 575-580.

[27]　蔡信之, 黄军红. 微生物学: 第2版 [M]. 北京: 高等教育出版社, 2002.

[28]　曹东. 新型白萝卜泡菜正反压生产工艺优化与货架期预测模型建立 [D]. 成都: 西华大学, 2017.

[29]　曹佳璐, 张列兵. 韩国泡菜乳酸菌研究进展 [J]. 中国食品学报, 2017, 17 (10): 184-192.

[30]　曾洁, 高海燕, 穆静. 泡菜制作一本通 [M]. 北京: 化学工业出版社, 2020.

[31]　陈功, 夏有书, 张其圣, 等. 从中国泡菜看四川泡菜及泡菜坛 [J]. 中国酿造, 2010 (8): 5-8.

[32]　陈功, 张其圣, 李恒, 等. 中国泡菜发酵态相对稳定性的研究及应用 [J]. 食品与发酵科技, 2020, 56 (1): 54-63, 72.

[33]　陈功. 泡菜加工学 [M]. 成都: 四川科学技术出版社, 2018.

[34]　陈功. 泡菜加工实用技术 [M]. 成都: 四川科学技术出版社, 2018.

［35］ 陈功. 试论中国泡菜历史与发展［J］. 食品与发酵科技，2010，46（03）：1-5.

［36］ 陈功. 中国传统泡菜工业化生产技术［J］. 食品与发酵工业，2002，28（10）：75-77.

［37］ 崔文甲，王月明，弓志青，等. 酱腌菜国内外产业现状、研究进展及展望［J］. 食品工业，2017，38（11）：238-241.

［38］ 代富英，戴雨珂，王海娟，等. 中国泡菜乳杆菌种质资源调查［J］. 食品研究与开发，2016，37（18）：162-165.

［39］ 翟清燕，郑世超，李新玲，等. 乳酸菌的分类鉴定及在食品工业中的应用［J］. 食品安全质量检测学报，2019，10（16）：5260-5265.

［40］ 丁湖广，丁荣辉，丁荣峰. 食用菌加工新技术与营销［M］. 北京：金盾出版社，2010.

［41］ 丁文军，陈功，兰恒超，等. 盐渍泡菜盐水回收技术：CN 101391844［P］.2010-10-20.

［42］ 杜莉. 四川泡菜的文化特色与川菜烹调中的运用［J］. 中国调味品，2016，41（12）：138-141.

［43］ 方爱平，熊永奇. 外婆的泡酱菜［M］. 武汉：湖北科学技术出版社，2008.

［44］ 甘奕，李洪军，付杨，等. 韩国泡菜品质特性［J］. 食品科学，2014，35（19）：125-127.

［45］ 甘奕. 乳酸菌的特性研究及发酵山楂液对大鼠脂质代谢的影响［D］. 重庆：西南大学，2019.

［46］ 高晓彤. 生产 GABA 乳酸菌的筛选及其相关特性研究［D］. 济南：山东大学，2015.

［47］ 韩庆功，崔艳红，王元元，等. 植物乳杆菌的生理特性及体外益生效果研究［J］. 粮食与饲料工业，2018（03）：42-46.

［48］ 何国庆. 食品发酵与酿造工艺学（第二版）［M］. 北京：中国农业出版社，2019.

［49］ 何强，唐君，丁文军，等.“东坡泡菜”生产中的危害分析与控制研究［J］. 中国酿造，2013，32（12）：148-149.

［50］ 何荣显. 家常风味泡菜［M］. 长春：吉林科学技术出版社，2006.

［51］ 黄道梅，胡露，贾秋思，等. 多菌协同发酵萝卜过程中不同盐浓度对菌相的影响［J］. 食品与发酵工业，2016，42（6）：36-43.

［52］ 黄飞. 浅谈韩国泡菜及泡菜文化［J］. 科技视界，2014（5）：241.

［53］ 李洁芝，王艳丽，张其圣，等. 蔬菜预处理和盐渍新工艺对泡菜生产用盐量的影响研究［J］. 食品与发酵科技，2014，50（2）：13-15.

［54］ 李玮，崔红艳. 营养与膳食［M］. 长沙：中南大学出版社，2018.

［55］ 李艳群，冉丹，杨坪，等. 关于四川泡菜行业废水排放的几点思考［J］. 环境科学与管理，2012，37（2）：19-21.

［56］ 李洋. 肠膜明串珠菌 SN-8 胞外多糖分离纯化，结构鉴定及功能特性研究［D］. 沈阳：沈阳农业大学，2020.

［57］ 李幼筠. 中国泡菜的研究［J］. 中国调味品，2006（1）：57-63.

［58］ 李瑜. 泡菜配方与工艺［M］. 北京：化学工业出版社，2008.

［59］ 李子未，封丽，许林季，等. 酱腌菜加工废水处理技术综述［J］. 三峡生态环境监测，2019，4（4）：57-62.

［60］ 励建荣. 从日韩腌制蔬菜业的发展谈起［J］. 中国蔬菜，2004（05）：2-4.

[61]　刘超帝. 耐高温酵母菌的多样性和酒精发酵特性的研究 [D]. 武汉：武汉轻工大学，2014.

[62]　刘红艳. 德国酸菜白肉 [J]. 烹调知识，2019（02）：59.

[63]　刘江国，陈玉成，杨志敏，等. 榨菜废水的混凝处理研究 [J]. 西南大学学报（自然科学版），2011，33（5）：122-128.

[64]　刘素纯，刘书亮，秦礼康. 发酵食品工艺学 [M]. 北京：化学工业出版社，2018.

[65]　刘芸. 山西什锦泡菜的制作方法 [J]. 农村百事通，2019（4）：35.

[66]　卢沿钢，董全. 中、日、韩三国泡菜加工工艺的对比 [J]. 食品与发酵科技，2011，47（04）：5-9.

[67]　罗莹. 酱腌菜行业清洁生产方案的探索 [J]. 科技与企业，2013（15）：41-42.

[68]　毛丙永，殷瑞敏，赵楠，等. 四川老卤泡菜基本理化指标及特征菌群分离鉴定 [J]. 食品与发酵工业，2018，44（11）：22-27.

[69]　孟祥晨，李艾黎，焦月华，等. 乳酸菌食品加工技术 [M]. 北京：科学出版社，2019.

[70]　南相云，李璐，路新国. 韩国泡菜的制作工艺及营养价值 [J]. 扬州大学烹饪学报，2010（2）：46-48.

[71]　牛国平，周伟. 远离添加剂，自制调味品系列：自制泡菜 [M]. 湖南：湖南科学技术出版社，2015.

[72]　桑多尔·卡茨. 发酵圣经 [M]. 王秉慧，译. 北京：中信出版社，2020.

[73]　商景天. 泡菜中降解亚硝酸盐菌种筛选及其降解机理研究 [D]. 贵州：贵州大学，2019.

[74]　生书晶，余婷婷，吴映明，等. 中国泡菜研究的现状、问题及建议 [J]. 中国调味品，2015，40（9）：113-116.

[75]　四川省质量技术监督局. 四川泡菜生产规范：DB51/T 1069—2010 [S].

[76]　孙宝国. 食品添加剂 [M]. 北京：化学工业出版社，2013.

[77]　孙中华. 让中国泡菜香飘全世界 [J]. 食品安全导刊，2014（11）：9.

[78]　谭兴和. 酱腌泡菜加工技术 [M]. 长沙：湖南科学技术出版社，2014.

[79]　汤继兵. 家庭四川菜 680 例 [M]. 北京：中国商业出版社，2008.

[80]　唐柳. 泡菜的加工技术 [M]. 天津：天津科技翻译出版公司，2010.

[81]　童凝冰. 泡椒凤爪的工艺流程与质量研究 [J]. 食品安全导刊，2021（29）：146-147.

[82]　王蓓，李淑英，张翠萍，等. PCR-DGGE 分析玉溪地区水果泡菜中细菌多样性 [J]. 云南农业大学学报（自然科学），2017，32（4）：740-746.

[83]　王继刚. 四川泡菜 200 种 [M]. 北京：金盾出版社，2007.

[84]　王阶平，刘波，刘欣，等. 乳酸菌的系统分类概况 [J]. 生物资源，2019，41（6）：471-485.

[85]　王景茹. 56 道韩式泡菜：生活开胃的感觉 [M]. 长春：吉林科学技术出版社，2006.

[86]　王文建，闵锡祥，李兰英，等. 川式泡菜、韩式泡菜发酵过程中理化特性及微生物变化比较 [J]. 食品科技，2020，45（6）：6-10,17.

[87]　蔚晓敏. 长寿老人源植物乳杆菌改善小鼠衰老的益生性评价及其机制探究 [D]. 南昌：南昌大学，2020.

[88]　魏润黔. 食用菌实用加工技术 [M]. 北京：金盾出版社，1996.

[89]　魏宇欣.乳杆菌属（Lactobacillus）内13个新种的分类［D］.哈尔滨：东北农业大学，2019.

[90]　吴昊天，吴杰.腌酱泡菜精选280例［M］.北京：金盾出版社，2013.

[91]　武永爱.聚合氯化铝铁PAFC絮凝性能试验研究［J］.辽宁化工，2010，39（4）：381-383.

[92]　鲜双，姜林君，李艳兰，等.不同方式发酵的哈密瓜幼果泡菜理化特性和氨基酸含量分析.食品与发酵工业.2021（5）：224-230.

[93]　肖冠坤，郭佳汶，程如越，等.泡菜直投菌对小鼠肠道菌群失调的修复效果［J］.食品研究与开发，2021，42（14）：158-164.

[94]　肖欣欣，陈丽娇，程艳，等.海带泡菜自然发酵工艺［J］.食品与发酵工业，2011，37（12）：96-99.

[95]　谢笔钧.食品化学：第3版［M］.北京：科学出版社，2018.

[96]　许英玉.家常滋补韩食［M］.沈阳：辽宁科学技术出版社，2008.

[97]　闫广金.蔬菜腌制加工技术［M］.北京：中国农业科学技术出版社，2019.

[98]　闫鸣霄，吴正云，司育雷，等.泡菜发酵中不同蒜浓度、pH和盐度组合对大肠杆菌生长影响的模拟研究［J］.中国调味品，2019（9）：44-46，54.

[99]　杨海亮，王祥清，马三剑.泡菜废水处理工程设计及运行［J］.水处理技术，2019，45（6）：134-136.

[100]　杨红梅，谷晋川，张德航，等.PAC与PAM复合絮凝剂处理泡菜废水［J］.土木建筑与环境工程，2017，39：95-100.

[101]　杨红梅，肖德龙，黄莉.泡菜废水零排放处理技术中试研究［J］.给水排水，2020，46（8）：69-72.

[102]　杨予轩.食物营养圣经：400种食材营养全分析［M］.北京：电子工业出版社，2012.

[103]　余松筠.酸菜在德国菜品中的不同演绎［J］.中国调味品，2016，41（10）：84-86.

[104]　云琳，毛丙永，崔树茂，等.不同发酵方式对萝卜泡菜理化特性和风味的影响［J］.食品与发酵工业，2020，46（13）：69-75.

[105]　张奔腾.百变小厨：熏卤腌酱风味菜［M］.长春：吉林科学技术出版社，2013.

[106]　张明亮，孙铁军.美味熏卤酱浓鲜腌拌泡［M］.长春：吉林科学技术出版社，2012.

[107]　张平.肠膜明串珠菌FX6的全基因组序列分析及其对豆酱风味品质的影响［D］.沈阳：沈阳农业大学，2019.

[108]　张锡茹，关慧，邢少华，等.泡菜微生物演替与风味物质变化的研究进展［J］.食品科学，2021，42（23）：294-305.

[109]　赵芳，蒲彪，刘兴艳，等.PAFC与PAM复合絮凝剂处理泡菜废水［J］.食品与发酵工业，2011，37（12）：81-83.

[110]　赵芳.膜分离技术处理泡菜废水的试验研究［D］.成都：四川农业大学，2012.

[111]　赵丽珺，齐凤兰，陈有容.泡菜研究现状及展望［J］.食品研究与开发，2004，25（3）：21-24.

[112]　郑恒光，陈君琛，汤葆莎，等.中外蔬菜发酵加工技术的对比研究［J］.安徽农业科学，2018，46（5）：171-175.

[113]　郑炯，黄明发．泡菜发酵生产的研究进展［J］．中国调味品，2007（5）：22-25.

[114]　郑巧双，邓小华，郭荣，等．乳酸菌发酵剂在传统泡菜制作中的应用研究．现代食品，2020
　　　　（14）：101-103.

[115]　中华人民共和国国家卫生和计划生育委员会．食品安全国家标准 酱腌菜：GB 2714—2015［S］．北
　　　　京：中国标准出版社．

[116]　国家卫生健康委员会　国家市场监督管理总局．食品安全国家标准 植物油：GB 2716—2018［S］．
　　　　北京：中国标准出版社．

[117]　中华人民共和国国家卫生和计划生育委员会．食品安全国家标准 味精：GB 2720—2015［S］．北
　　　　京：中国标准出版社．

[118]　中华人民共和国国家卫生和计划生育委员会．食品安全国家标准 食用盐：GB 2721—2015［S］．北
　　　　京：中国标准出版社．

[119]　国家卫生健康委员会　国家市场监督管理总局．食品安全国家标准 食品中真菌毒素限量：GB
　　　　2761—2017［S］．北京：中国标准出版社．

[120]　国家卫生健康委员会　国家市场监督管理总局．食品安全国家标准 食品中污染物限量：GB
　　　　2762—2017［S］．北京：中国标准出版社．

[121]　中华人民共和国国家卫生健康委员会．食品安全国家标准 预包装食品中致病菌限量：GB 29921—
　　　　2021［S］．北京：中国标准出版社．

[122]　中华人民共和国国家卫生和计划生育委员会．食品微生物学检验 霉菌和酵母菌计数：GB
　　　　4789.15—2016［S］．北京：中国标准出版社．

[123]　中华人民共和国国家卫生和计划生育委员会．食品微生物学检验 乳酸菌检验：GB 4789.35—2016
　　　　［S］．北京：中国标准出版社．

[124]　中华人民共和国国家卫生和计划生育委员会．食品安全国家标准 食品中亚硝酸盐与硝酸盐的测
　　　　定：GB 5009.33—2016［S］．北京：中国标准出版社．

[125]　国家环境保护总局．污水综合排放标准：GB 8978—1996［S］．北京：中国标准出版社．

[126]　中国国家标准化管理委员会．香辛料调味品通用技术条件：GB/T 15691—2008［S］．北京：中国
　　　　标准出版社．

[127]　中国国家标准化管理委员会．非发酵性豆制品及面筋卫生标准的分析方法：GB/T 5009.51—2003
　　　　［S］．北京：中国标准出版社．

[128]　中国国家标准化管理委员会．酱腌菜卫生标准的分析方法：GB/T 5009.54—2003［S］．北京：中
　　　　国标准出版社．

[129]　中华人民共和国国家卫生和计划生育委员会．食品安全国家标准 食品微生物学检验 大肠菌群计
　　　　数：GB 4789.3—2016［S］．北京：中国标准出版社．

[130]　中华人民共和国国家卫生和计划生育委员会．食品安全国家标准 食品中铅的测定：GB 5009.12—
　　　　2017［S］．北京：中国标准出版社．

[131]　中华人民共和国商务部．泡菜：SB/T 10756—2012［S］．北京：中国标准出版社．

[132]　中华人民共和国工业和信息化部．食品加工用乳酸菌：QB/T 4575—2013［S］．北京：中国标准出

版社.

[133]　周范林. 家制风味泡菜 300 种 [M]. 北京：中国林业出版社，2003.

[134]　朱翔，汪冬冬，明建英，等. 四川泡菜和东北酸菜在发酵过程中的物质成分变化 [J]. 中国调味品，2021，46（4）：78-81.

[135]　邹伟，赵长青，赵兴秀，等. 泡菜微生物群落结构及其动态机制研究概述 [J]. 食品与发酵工业，2015，41（4）：241-245.